21世纪高等学校计算机系列规划教材

U0394593

Linux

系统应用及编程

耿朝阳　肖　锋 主编

清华大学出版社

北　京

内 容 简 介

本书介绍了 Linux 操作系统的基础知识、Linux 操作系统的常用命令及系统管理方法、Linux 操作系统环境下的程序设计技术等内容,涉及的知识面广,内容介绍深入浅出,由易到难,循序渐进,注重能力培养。本书的特点是理论与实践相结合,在介绍 Linux 操作系统基本理论的基础上,为大部分知识点配有相关例程分析,使读者在掌握理论知识的同时,提高 Linux 环境编程能力。

本书可作为大学本科计算机相关专业的教材,也可作为从事 Linux 操作系统应用、开发工作相关技术人员的培训教材和参考资料。

图书在版编目(CIP)数据

Linux 系统应用及编程/耿朝阳,肖锋主编. —北京:清华大学出版社,2019(2023.8重印)
(21 世纪高等学校计算机系列规划教材)
ISBN 978-7-302-50813-7

Ⅰ. ①L… Ⅱ. ①耿… ②肖… Ⅲ. ①Linux 操作系统—高等学校—教材 Ⅳ. ①TP316.85

中国版本图书馆 CIP 数据核字(2018)第 178801 号

责任编辑:杜 晓
封面设计:傅瑞学
责任校对:刘 静
责任印制:刘海龙

出版发行:清华大学出版社
   网   址:http://www.tup.com.cn,http://www.wqbook.com
   地   址:北京清华大学学研大厦 A 座   邮 编:100084
   社 总 机:010-83470000   邮 购:010-62786544
   投稿与读者服务:010-62776969,c-service@tup.tsinghua.edu.cn
   质量反馈:010-62772015,zhiliang@tup.tsinghua.edu.cn
   课件下载:http://www.tup.com.cn,010-83470410
印 装 者:三河市君旺印务有限公司
经 销:全国新华书店
开 本:185mm×260mm   印 张:14.5   字 数:347 千字
版 次:2019 年 1 月第 1 版   印 次:2023 年 8 月第 6 次印刷
定 价:45.00 元

产品编号:079371-01

前 言

Linux 操作系统诞生于 1991 年，当时在芬兰赫尔辛基大学就读的学生 Linus Torvalds 开发了 Linux 内核，并在互联网上发布了其内核源代码。经过 20 多年的发展，Linux 现在已经广泛应用于服务器、移动应用及嵌入式系统、桌面办公等领域。因为 Linux 有开源、安全、稳定的特性，在政府机关、科研机构、军事、金融、通信等行业随处可见 Linux 操作系统的应用。随着我国经济的高速发展，国内 IT 产业的相关单位对 Linux 人才的需求也在逐年增加。

Linux 是一种自由和开放源代码的类 UNIX 操作系统，它的发布遵循 GNU 通用公共许可证（GNU General Public License，GNU GPL/GPL），任何单位和个人都可以自由地使用 Linux 的所有源代码，也可以自由地修改和再发布。在自由软件领域，有大量的开源程序资源，用户可以方便地得到程序的源码，为学习 Linux 提供了丰富的素材。

CentOS Linux(Community Enterprise Operating System，社区企业操作系统)是现在应用最为广泛的 Linux 发行版本之一，它是由 Red Hat Enterprise Linux 依照开放源代码规定发布的源代码所编译而成，具备 Red Hat Enterprise Linux 的所有功能，特别适合对稳定性、可靠性和功能要求较高的用户。本书以 CentOS Linux 为蓝本，介绍了在 Linux 环境下系统管理的常用指令及 Shell 编程基础，以及使用高级语言进行编程开发的基本方法。

"Linux 系统应用及编程"属于计算机专业基础课，本书的编写目的就是为广大应用型本、专科计算机专业学生提供一本学习 Linux 操作系统的教材。本书内容遵循由浅到深、循序渐进的编写原则，在编写时考虑到读者大部分是初学者，在本书中使用了大量的实例进行讲解。本书主要内容包括 Linux 操作系统的基本操作方法、系统命令、Shell 编程，以及在 Linux 环境进行系统开发的基础等内容，帮助读者掌握 Linux 操作系统的基础理论和基本知识，使读者逐步掌握 Linux 操作系统的使用方法，了解 Linux 操作系统工作原理，掌握在 Linux 操作系统上进行开发的基本技术，为适应今后的计算机专业技术工作，提高计算机系统开发能力打好基础。

本书共分为 10 章,每章都举出大量的实例进行讲解,各章的主要内容如下。

第 1 章对 Linux 操作系统进行了简介,介绍了 Linux 的起源和发展、自由软件的概况、CentOS 的安装和系统配置。

第 2 章介绍了 Linux 系统管理常用命令,包括文件管理、用户管理、网络通信管理、进程管理等基本命令,这些命令也是使用 Linux 操作系统的基础。

第 3 章介绍了 Shell 编程的相关知识,包括变量的定义及赋值、特殊符号、流程控制语句等,通过 Shell 编程可以将 Linux 的系统命令有序组合起来,对系统进行高效管理。

第 4 章介绍了 Linux 环境下常用开发工具的使用方法,包括 VI 编辑器、GCC 编译器、GDB 调试工具的使用,熟练掌握这些开发工具是后续章节各种编程技术实现的基础。

第 5 章介绍了 Linux 文件系统的基本概念、文件系统的组织方式、文件的访问权限,以及用户如何编程实现对文件系统的访问。

第 6 章介绍了 Linux 内存管理机制,包括内存的分配与释放、内存操作的方法等。

第 7 章介绍了 Linux 操作系统中进程的概念,以及用户操作、控制进程、进程同步的方法。

第 8 章介绍了 Linux 操作系统信号的概念、信号的产生以及信号操作的相关函数。

第 9 章介绍了 Linux 操作系统中实现进程间通信的方式方法,详细说明了使用管道、消息队列、信号量、共享内存进行通信的相关函数。

第 10 章介绍了计算机网络的基本通信协议、通信接口 socket 的基本概念,并举例说明如何使用 socket 编写通信程序。

本书由耿朝阳、肖锋主编。参加本书编写、排版、校对的人员还有高芬莉、宋鹏、王峰辉、田沙沙、刘雪苗等,在此谨向各位做出的辛勤工作表示衷心感谢。本书在编写过程中,得到许多老师的关心和帮助,赵莉、姚红革、雷松泽等老师提出许多宝贵的修改意见,对于他们的关心、帮助和支持表示十分感谢。清华大学出版社的编辑在本书的申请及出版过程中做了细致周密的指导工作,在此表示由衷的感谢。

由于 Linux 操作系统的各种发行版本众多,而且版本更新速度很快,不断有新知识、新技术、新概念出现,同时编者水平、时间与精力有限,对本书内容的取舍把握可能不够准确,书中难免存在疏漏与不妥,恳请同行专家和广大读者批评指正。

编　者

2018 年 3 月

目　录

第1章 Linux操作系统简介

20世纪90年代以来，Linux操作系统从诞生到发展，现在已经进入高速、稳定的发展阶段，其应用范围日益广泛，从微小型的嵌入式系统到台式计算机、服务器以及大型的计算机集群系统、云计算平台，只要有计算机的地方就会用到 Linux 操作系统。目前 Linux 操作系统的用户遍布全球各地，从个人用户到企业用户、研究机构、政府部门，人们使用 Linux 操作系统完成了日常的办公、开发研究、系统管理、信息服务等各项工作。可以预见在不久的将来，Linux 操作系统在操作系统应用领域会逐步占据主导的地位。

本章主要学习以下内容。

- 了解 Linux 操作系统的起源和发展。
- 了解自由软件的概念。
- 掌握 Linux 的安装、配置方法。

1.1 Linux 概述

Linux 是一种源码开放、可以免费使用和自由传播的类 UNIX 操作系统，是一个基于 POSIX 标准的多用户、多任务的操作系统。它能运行主要的 UNIX 工具软件、应用程序和网络协议。它支持 32 位和 64 位硬件。Linux 继承了 UNIX 以网络为核心的设计思想，是一个性能稳定的多用户网络操作系统。

1.1.1 Linux 的起源和发展

Linux 的产生和发展与自由软件密切相关。自由软件运动的发展起源于由 Richard Stallman（图 1-1）发起的 GNU 计划，GNU 是"GNU's Not UNIX"的递归缩写，图 1-2 所示为 GNU 标志。GNU 计划目的是开发一套完整的、自由的类似于 UNIX 的操作系统（UNIX Like）。

图 1-1　Richard Stallman

图 1-2　GNU 标志

Richard Stallman,1953 年生于美国纽约,就读于哈佛大学。他是自由软件运动的精神领袖,GNU 工程以及自由软件基金会的创立者、著名黑客,编写了诸如 emacs、GCC、GDB 等著名软件,在计算机软件领域产生深远影响。他于 1983 年发起了 GNU 工程,并为自由软件树立了法律规范。如今自由软件已经在世界范围内产生了深远的影响,在计算机工业、科学研究、教育等领域显示出了极大的生命力和价值。

1991 年年初,芬兰赫尔辛基大学的学生 Linus Torvalds(图 1-3)开始在一台 386 计算机上学习 Minix 操作系统,在此过程中,他开始编写自己的操作系统,其目的是设计一个可以代替 Minix 的操作系统,这个操作系统可以工作在 386、486 以及奔腾处理器的个人计算机上,并且具有 UNIX 操作系统的全部功能。1991 年 10 月 5 日,Linus Torvalds 编写出了 Linux 操作系统内核并在 GPL(GNU General Republic License,GNU 通用公共许可证)条款下发布。Linux 之后在网上广泛流传,许多程序员参与了开发与修改。1992 年 Linux 与其他 GNU 软件结合,完全自由的操作系统正式诞生。该操作系统往往被称为 GNU/Linux 或简称 Linux。借助于 Internet 网络,在世界各地计算机爱好者的共同努力下,Linux 操作系统现在已成为世界上使用最多的一种 UNIX 类操作系统,并且其使用人数还在迅速增长。

图 1-3   Linus Torvalds

自由软件(Free Software)的自由并不是指价格,自由(Free)这个概念并不是指免费的啤酒,而是指使用自由。自由软件所指的软件,其使用者有使用、复制、散布、研究、改写、再利用该软件的自由。更精确地说,自由软件赋予使用者以下 4 种自由。

(1) 不论目的为何,有使用该软件的自由。

(2) 有研究该软件如何运作的自由,并且得以改写该软件来符合使用者自身的需求。

(3) 取得该软件之源码的自由。

(4) 有改善再利用该软件的自由,并且可以发表改写版供公众使用,如此一来,整个社群都可以受惠。如前项,取得该软件之源码为达成此目的之前提。

使用者可以付费取得 GNU 的软件,或者,使用者也可以免费取得这些软件,但是,不管使用者是如何取得这些软件的,他们必须永远有权利复制或是改写这些软件,甚至贩售这些软件。所以自由软件并不等同于免费软件。

Linux 操作系统现在已经成为自由软件的代表,它有着源码开放、安全稳定、功能强大等特点,在众多优秀的 Linux 开发维护团队的努力工作下不断发展壮大。

1.1.2 Linux 的特点

Linux 操作系统在十几年的时间里得到迅猛的发展,与其良好的特性有着直接的关系,具体来说,Linux 有以下特点。

1. 自由软件

由于 Linux 操作系统的开发从一开始就与 GNU 项目紧密地结合起来,所以它的大多数组成部分都直接来自 GNU 项目。任何人、任何组织只要遵守 GPL 条款,就可以自由使用 Linux 源代码,为用户提供了最大限度的自由度。这一点也正好符合嵌入式系统开发的特点,因为嵌入式系统应用千差万别,设计者往往需要针对具体的应用对源码进行修改和优化,所以是否能获得源代码对于嵌入式系统的开发是至关重要的。加之 Linux 的软件资源十分丰富,每种通用程序在 Linux 上几乎都可以找到,并且数量还在不断增加。这一切就使设计者在其基础之上进行二次开发变得非常容易。

2. 开放性

Linux 操作系统遵循世界标准规范,特别是遵循开放系统互联(OSI)国际标准,遵循这个国际标准开发的软硬件系统都能彼此兼容,可方便地实现互联互通。

3. 多用户多任务

Linux 操作系统资源可以被多个用户使用,每个用户对自己的资源(如文件、设备)有特定的权限,互不影响。用户还可以同时执行多个任务,各个任务独立运行,Linux 操作系统调度每一个任务分时访问处理器,计算机 CPU 的处理速度非常快,从一个任务到另一个任务之间的切换时间非常短,使得用户感觉到多个任务像在同时运行一样。

4. 良好的用户界面

Linux 向用户提供了两种界面:用户界面和系统调用。Linux 还为用户提供了图形用户界面。它利用鼠标、菜单、窗口、滚动条等设施,给用户呈现一个直观、易操作、交互性强的友好的图形化界面。

5. 丰富的网络功能

Linux 从诞生之日起就与 Internet 密不可分,支持各种标准的 Internet 网络协议,Linux 中大量网络管理、网络服务等方面的功能,可使用户很方便地建立高效稳定的防火墙、路由器、工作站、服务器等。为提高安全性,它还提供了大量的网络管理软件、网络分析软件和网络安全软件等。

6. 安全稳定

Linux 采取了许多安全技术来保证系统的可靠运行,包括对设备和文件的读/写控制、带保护措施的子系统、审计跟踪、核心授权等,Linux 内核的高效和稳定已在各个领域内得到了大量事实的验证。

7. 良好的可移植性

Linux 能支持 x86、ARM、MIPS、Alpha 和 PowerPC 等多种体系结构的微处理器。目前已成功地移植到数十种硬件平台,几乎能运行在所有流行的处理器上。由于世界范围内有众多开发者在为 Linux 的扩充贡献力量,所以 Linux 有着异常丰富的驱动程序资源,支持各种主流硬件设备和最新的硬件技术,甚至可在没有存储管理单元 MMU 的处理器上运行,这些都进一步促进了 Linux 在嵌入式系统中的应用。

8. 设备独立性

Linux 操作系统把所有外部设备统一当作文件来看待,只要安装它们的驱动程序,任何用户都可以像使用文件一样,操纵、使用这些设备,而不必知道它们的具体存在形式。Linux 是具有设备独立性的操作系统,它的内核具有高度适应能力。

9. 支持多文件系统

Linux 操作系统可以把许多不同的文件系统以挂载的形式连接到本地主机上,包括 Ext2/3、FAT32、NTFS、OS/2 等文件系统,以及网络上其他计算机共享的文件系统 NFS 等,是数据备份、同步和复制的良好平台。

1.1.3　常见 Linux 发行版本

从 1991 年 Linux 出现到今天,经过二十几年的发展,历史上出现了很多 Linux 的发行版本,如图 1-4 所示。Linux 的发行版本可以大体分为两类,一类是商业公司维护的发行版本;另一类是社区组织维护的发行版本,前者以著名的 Red Hat(RHEL)为代表,后者以 Debian 为代表。

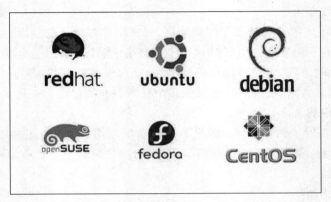

图 1-4　常见 Linux 发行版

1. Red Hat

Red Hat 是世界上最流行的 Linux 版本之一,其特点就是使用人群数量大,资料非常多,如果你有什么不明白的地方,很容易找到人来问,而且网上的一般 Linux 教程都是以 Red Hat 为例来讲解的。Red Hat Enterprise Linux(简称 RHEL),Red Hat 系列的商业版,RHEL 用户需要先购买许可,但 Red Hat 公司承诺保证软件的稳定性、安全性。RHEL 是大型企业的首选核心服务器系统。

2. Ubuntu

Ubuntu 是 Debian 的一款衍生版,也是当今最受欢迎的免费操作系统。Ubuntu 侧重于它在这个市场的应用,在服务器、云计算,甚至一些运行 Ubuntu Linux 的移动设备上很常见。作为 Debian GNU Linux 的一款衍生版,Ubuntu 的进程、外观和感觉大多数仍然与 Debian 一样。它使用 APT 软件管理工具来安装和更新软件。它也是如今市面上用起来最容易的发行版之一。

3. Debian

Debian 运行起来极其稳定,这使得它非常适用于服务器。Debian 平时维护 3 套正式的软件库和一套非免费软件库,这给另外几款发行版(如 Ubuntu 和 Kali 等)带来了灵感。Debian 这款操作系统派生出了多个 Linux 发行版,它拥有的软件非常丰富,有多达 37 500 多个软件包。

4. OpenSuse

OpenSuse 这款 Linux 发行版是免费的,并不供商业用途使用,仍然供个人使用。它通过 Yast 来管理软件包,使用和管理服务器应用程序就非常容易。此外,Yast 安装向导程序可以配置电子邮件服务器、LDAP 服务器、文件服务器或 Web 服务器,没有任何不必要的麻烦。它随带 Snapper 快照管理工具,因而可以恢复或使用旧版的文件、更新和配置。由于让滚动发行版本成为可能的 Tumbleweed 可将已安装的操作系统更新到最新版本,因此不需要重新安装任何新的发行版。

5. Fedora

Fedora Linux 是较具知名度的 Linux 发行版之一,由 Fedora Project 社区开发、Red Hat 公司赞助,目标是创建一套新颖、多功能并且自由(开放源代码)的操作系统。Fedora 基于 Red Hat Linux,在 Red Hat Linux 终止发布后,Red Hat 公司计划以 Fedora 来取代 Red Hat Linux 在个人领域的应用,而另外发布的 Red Hat Enterprise Linux(Red Hat 企业版 Linux)则取代 Red Hat Linux 在商业应用的领域。Fedora 对用户而言,是一套功能完备、更新快速的免费操作系统;而对赞助者 Red Hat 公司而言,它是许多新技术的测试平台,被认为可用的技术最终会加入 Red Hat Enterprise Linux 中。

6. CentOS

CentOS 是一款企业级 Linux 发行版,它使用红帽企业级 Linux 中的免费源代码重新构建而成。这款重构版本完全去掉了注册商标,由于出自相同的源代码,CentOS 的外观和行为几乎与母发行版红帽企业级 Linux 如出一辙,因此有些要求高稳定性的服务器以 CentOS 替代商业版的 Red Hat Enterprise Linux 使用。有些人不想支付一大笔钱,又能领略红帽企业级 Linux,对他们来说,CentOS 值得一试。

1.2 安装 Linux

安装 Linux 首先要获取一个 Linux 发行版的 ISO 镜像文件,可以从网络上免费下载到本地硬盘,用 ISO 文件从硬盘上直接进行虚拟安装,或者把 ISO 文件刻录成光盘进行安装。相对 Windows 而言,Linux 对计算机的硬件配置要求不是很高,现在一般的计算机都可以安装。

Linux 可以选择在虚拟机上安装或者在计算机上直接安装,这两种方式各有特点,用户可以根据自己的需要选择不同的安装方式。

1.2.1 在虚拟机上安装 Linux

作为初次学习使用 Linux 的用户,因为习惯了在 Windows 下进行工作,而且他们的所有文档、软件、资料都保存在 Windows 中,他们很难在短时间内把所有工作转移到 Linux 下。采用在 Windows 环境下安装虚拟机,然后在虚拟机里安装 Linux 的方式,就可以很方便地实现 Windows 和 Linux 环境的切换,两个系统的文件也可以方便地共享,为初学者提供了良好的学习条件。

虚拟机的优点非常多,如节省硬件资源,用户使用一台计算机就可以虚拟构建多台计算机,方便地将多台虚拟机组成小型的网络实验环境,还可以通过文件复制的方式备份、搬移虚拟机,等等。

1．安装虚拟机

VMware Workstation 是 VMware 公司设计的专业虚拟机软件，其功能非常强大，可以虚拟任何操作系统，即在当前的操作系统上再运行一个或多个虚拟的操作系统。真实计算机上安装的操作系统被称为主操作系统(Host Operation System)，虚拟机上运行的操作系统被称为客操作系统(Guest Operation System)，主操作系统和客操作系统之间可以实现通信、资源共享等功能。

用户可以从网络上免费下载 VMware 软件，它有 Windows 版本和 Linux 版本，可分别支持 32 位和 64 位操作系统。下面以 VMware Workstation 10 为例简要介绍 VMware 的安装过程。

(1) 双击安装程序，出现如图 1-5 所示安装对话框，单击"下一步"按钮，进入图 1-6 所示的"许可协议"对话框。

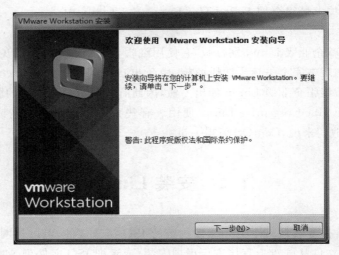

图 1-5　安装 VMware

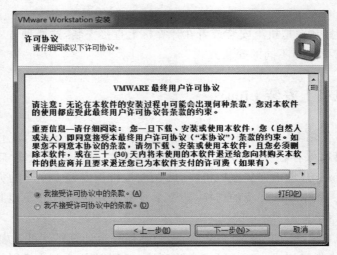

图 1-6　VMware 用户许可协议

（2）在"许可协议"对话框中选择"我接受许可协议中的条款"选项，并单击"下一步"按钮，进入"安装类型"对话框。

（3）在图 1-7 所示的"安装类型"对话框中单击"典型"按钮，进入下一步安装步骤，后面的安装步骤保持对话框默认的选项不变，单击"下一步"按钮进行安装。

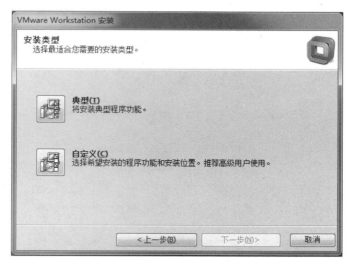

图 1-7　VMware 安装类型

直至出现图 1-8 所示的"安装向导完成"对话框，表示此次安装正常完成。

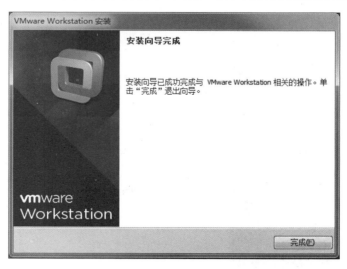

图 1-8　VMware 安装完成

2. 在虚拟机上安装 Linux

（1）双击桌面上的 VMware Workstation 图标，打开如图 1-9 所示虚拟机软件窗口，单击"创建新的虚拟机"按钮，出现图 1-10 所示新建虚拟机向导。

（2）在"新建虚拟机向导"对话框中，选择"典型（推荐）"选项，单击"下一步"按钮，出现图 1-11 所示的"安装客户机操作系统"对话框。

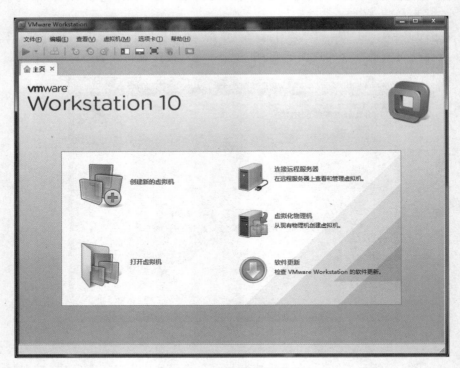

图 1-9　虚拟机软件窗口

图 1-10　新建虚拟机向导

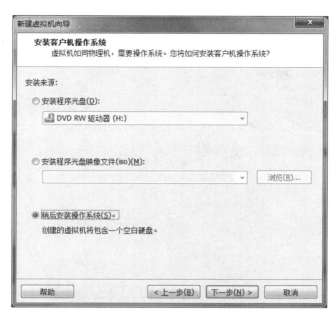

图 1-11 安装虚拟机选项

（3）在"安装客户机操作系统"对话框中，选择"稍后安装操作系统"选项，单击"下一步"按钮，出现图 1-12 所示的"选择客户机操作系统"对话框。

图 1-12 新建虚拟机类型选择

（4）在"选择客户机操作系统"对话框中，选择"客户机操作系统"为 Linux 选项，"版本"选择为 CentOS，单击"下一步"按钮，出现图 1-13 所示的"命名虚拟机"对话框。

（5）在"命名虚拟机"对话框中，输入虚拟机名称，图例中输入 CentOS，指定其存储位置，图例中为"D:\VM-CentOS"目录，单击"下一步"按钮，出现图 1-14 所示的"指定磁盘容量"对话框。

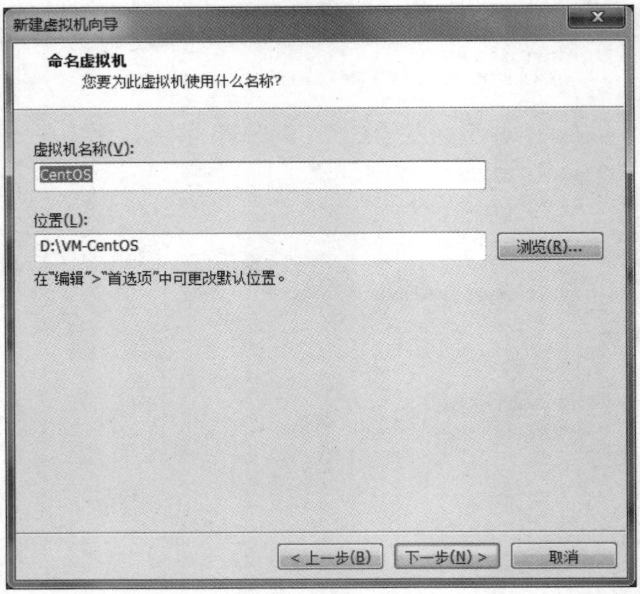

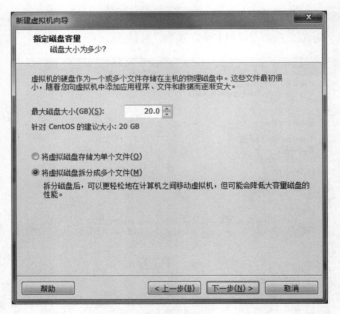

图 1-13　新建虚拟机命名

图 1-14　虚拟机磁盘容量设定

　　（6）在"指定磁盘容量"对话框中，按系统默认数值设定 CentOS 的磁盘大小为 20GB，选择"将虚拟磁盘拆分为多个文件"单选按钮，这样生成的虚拟机由多个文件构成，方便用户备份或在计算机上移动虚拟机。然后单击"下一步"按钮，出现图 1-15 所示的"已准备好创建虚拟机"对话框。

　　（7）在"已准备好创建虚拟机"对话框中，显示出已经创建的虚拟机相关信息，单击"完成"按钮，系统会按照前面步骤的配置生成一台虚拟机。

图 1-15　已准备好创建虚拟机

（8）打开 VMware 软件，可以看到已经创建的虚拟机 CentOS，如图 1-16 所示。选择"编辑虚拟机设置"选项，打开图 1-17 所示的"虚拟机设置"对话框，在"硬件"选项卡中，将 CD/DVD(IDE)项设置为"使用 ISO 映像文件"，并输入 ISO 文件的完整路径，这里使用 CentOS-6.9-i386-bin-DVD1.ISO 文件作为安装源。

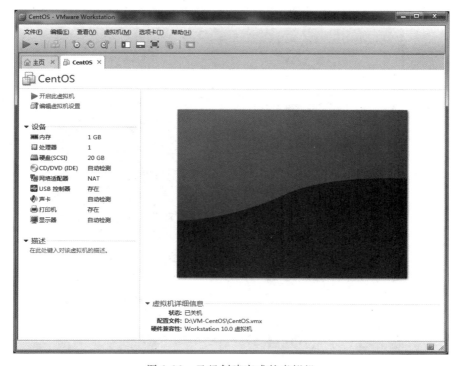

图 1-16　已经创建完成的虚拟机

图 1-17　虚拟机映像文件设置

（9）设置完映像文件后，在图 1-16 所示窗口中选择"开启此虚拟机"选项，就可以开始安装虚拟机了。

（10）出现的第一个安装界面如图 1-18 所示，选中第一项 Install or upgrade an existing

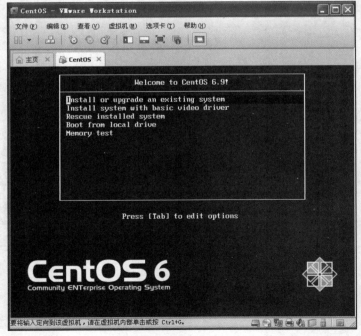

图 1-18　安装 CentOS

system,按 Enter 键,会进入如图 1-19 所示的 media test 界面。CentOS 提供测试光盘介质自身正确性的功能,通过此项功能可以确保安装介质的正确性并保证其是官方发布的安装包。如果不想测试该安装光盘,可以单击 Skip 按钮跳过测试步骤。

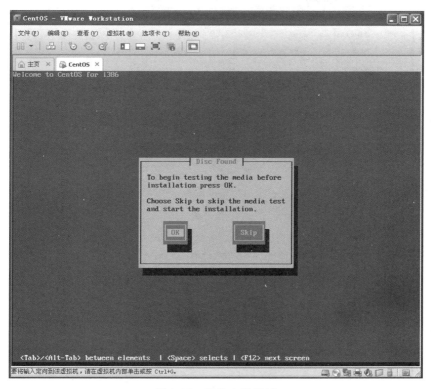

图 1-19　安装介质测试

(11) 在如图 1-20 所示的语言选择窗口中,可根据自己的需要选择安装过程中的语言类别,这里选择"Chinese(Simplified)中文(简体)",单击 Next 按钮,后面的安装步骤都会以中文进行提示。

(12) 在如图 1-21 所示的键盘类型选择窗口中,大部分用户的键盘都是英语键盘,这里选择"美国英语式"选项,再单击"下一步"按钮。

(13) 在如图 1-22 所示的存储设备选择窗口中,选择"基本存储设备"单选按钮,再单击"下一步"按钮。

(14) 在如图 1-23 所示的时区选择窗口中,选择离我们最近的城市"亚洲/上海",再单击"下一步"按钮。

(15) 在如图 1-24 所示的根用户密码输入窗口中,为根用户输入密码,并再确认一次,两次输入的密码要一致。用户应该将根用户的密码牢记,在 Linux 操作系统的使用过程中,通常以普通用户的身份登录系统进行操作,但有些操作是根用户才能进行的操作,那时需要验证根用户的密码。输入完成后,单击"下一步"按钮。

在如图 1-25 所示的 CentOS 安装类型窗口中,可以看到一共有 8 个选项,每个选项的类型说明如下。

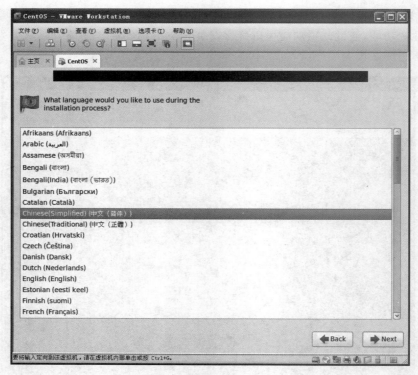

图 1-20　安装语言选择

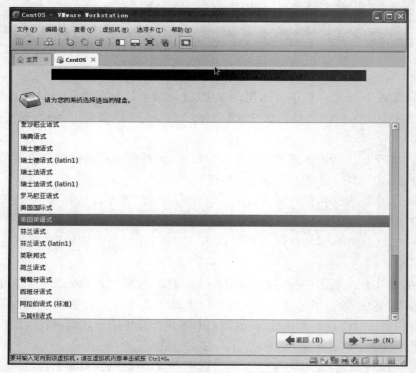

图 1-21　键盘类型选择

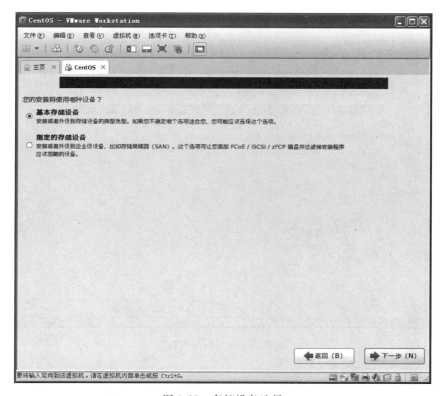

图 1-22 存储设备选择

图 1-23 时区选择

- Desktop：基本的桌面系统，包括常用的桌面软件，如文档查看工具。
- Minimal Desktop：基本的桌面系统，包含的软件更少。
- Minimal：基本的系统，不含有任何可选的软件包。
- Basic Server：安装的基本系统的平台支持，不包含桌面。
- Database Server：基本系统平台，加上 MySQL 和 PostgreSQL 数据库，无桌面。
- Web Server：基本系统平台，加上 PHP、Web Server，还有 MySQL 和 PostgreSQL 数据库的客户端，无桌面。
- Virtual Host：基本系统加虚拟平台。
- Software Development Workstation：包含软件包较多，如基本系统、虚拟化平台、桌面环境、开发工具等。

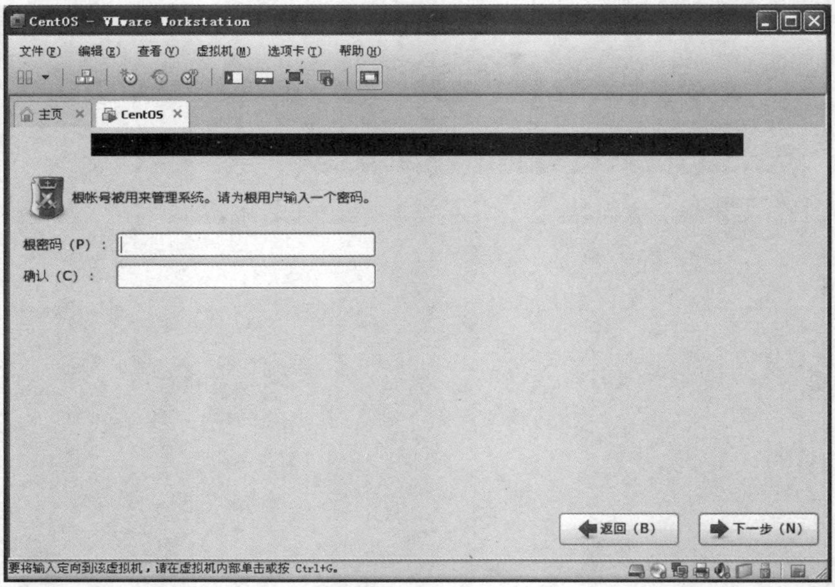

图 1-24　根用户密码输入

图 1-25　CentOS 安装类型选择

　　（16）可以根据自己的需要选择安装类型，因为本书涉及较多程序开发方面的内容，安装时选择 Software Development Workstation 单选按钮，再单击"下一步"按钮。

　　（17）在如图 1-26 所示的安装过程窗口中，显示了已经完成的软件包以及总共要安装的软件包数量。本例选择安装的软件包较多，安装过程需 20 多分钟。

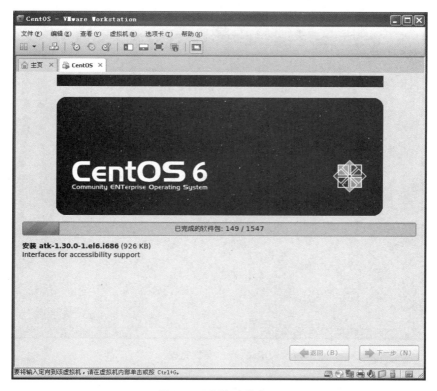

图 1-26　安装过程窗口

　　（18）安装完成后，会显示如图 1-27 所示的安装完成提示窗口，单击"重新引导"按钮，完成安装的最后步骤。

　　（19）系统重新引导后，会显示欢迎信息，如图 1-28 所示，并提示用户进行一些基本配置，此时要求创建一个普通用户，输入用户的账号和密码。因为 root 用户权限很大，误操作有可能对系统造成破坏，操作员大多数时间都是用普通用户的身份登录系统进行管理的，如图 1-29 所示。

　　（20）配置工作完成后，CentOS 的登录界面如图 1-30 所示。

1.2.2　在计算机上直接安装 Linux

　　在计算机硬盘上直接安装 Linux 操作系统，优点是运行速度快，操作系统运行在物理机上，可以直接访问计算机的硬件资源，工作效率高，稳定可靠。

　　首先要将计算机的启动项设置为光驱引导，将刻好的 Linux 安装光盘放入光驱，重新启动计算机，出现如图 1-31 所示安装界面，选择第一项 Install or upgrade an existing system

选项,按 Enter 键,下面的安装过程和前述在虚拟机中安装 Linux 的过程基本一样,这里就不再赘述了,读者可以再自行熟悉练习安装过程。

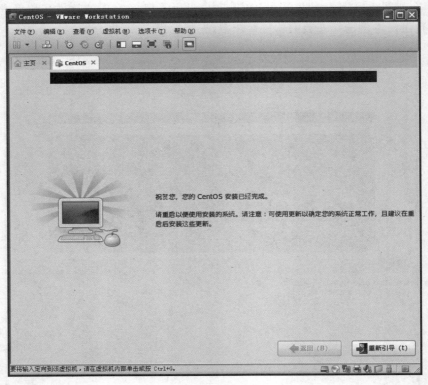

图 1-27　安装完成

图 1-28　系统重新引导

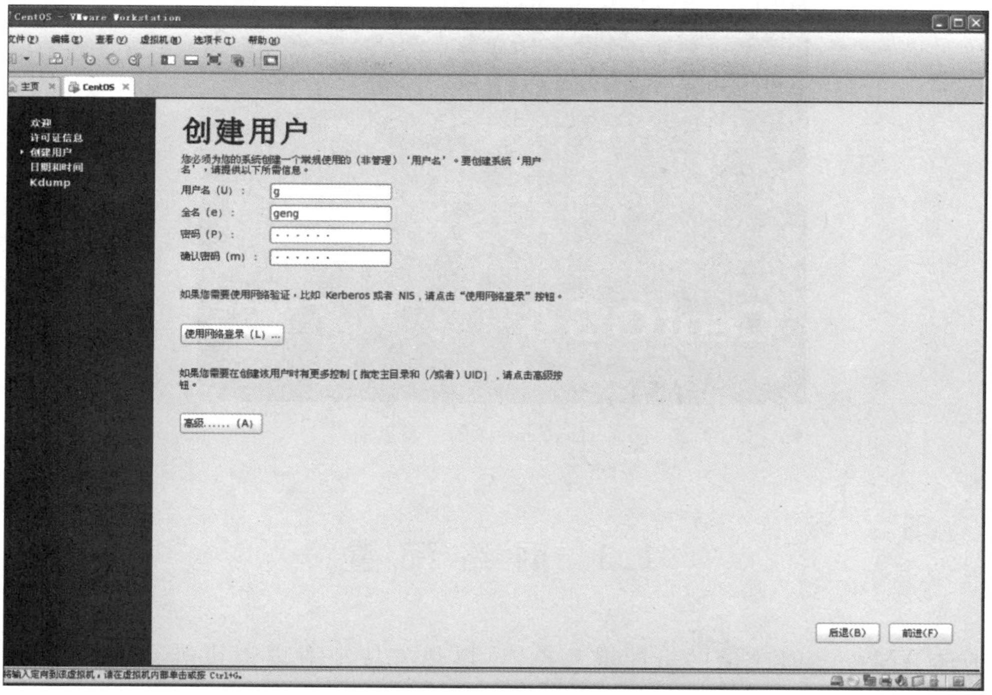

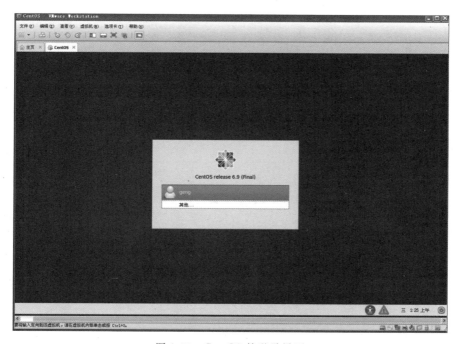

图 1-29　创建普通用户

图 1-30　CentOS 的登录界面

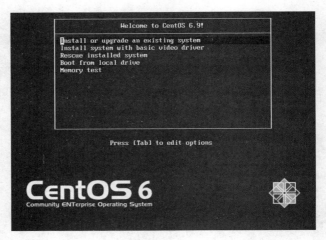

图 1-31　CentOS 的安装界面

1.3　网　络　配　置

通过 WMware 的虚拟网络配置功能,可以很方便地对虚拟机进行网络设置。在 WMware 的程序窗口,选择菜单"编辑"→"虚拟网络配置器"命令,打开如图 1-32 所示虚拟网络配置对话框。可以看到,VMware 提供了桥接模式、仅主机模式和 NAT 模式 3 种网络模式,分别对应虚拟网络设备 VMnet0、VMnet1 和 VMnet8。

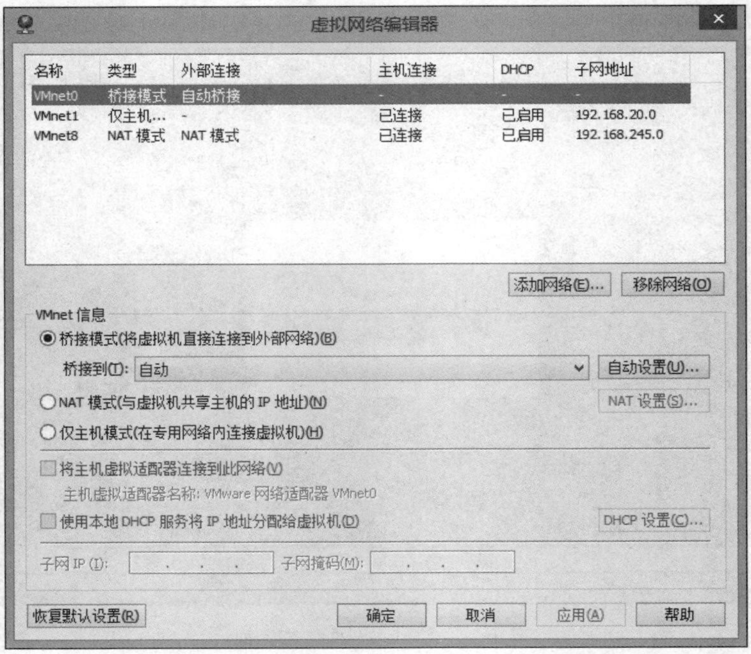

图 1-32　虚拟网络配置对话框

1.3.1 桥接模式

用这种方式,虚拟系统的 IP 可设置成与本机系统在同一网段,虚拟机相当于网络内的一台独立的机器,与本机共同插在一个集线器上,网络内其他机器可访问虚拟机,虚拟机也可访问网络内其他机器,当然与本机系统的双向访问也不成问题。这时 VMware 就模拟成一个网桥的功能,只使用 VMnet0 网卡,如图 1-33 所示。

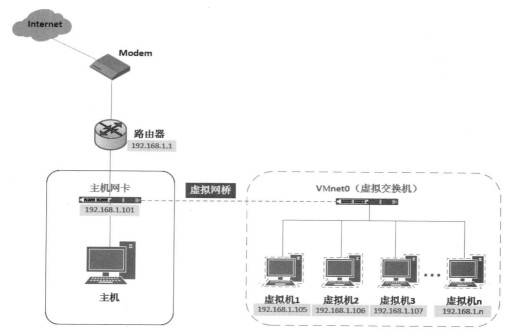

图 1-33　桥接模式

1.3.2 仅主机模式

这种方式只能进行虚拟机和主机之间的网络通信,即网络内其他机器不能访问虚拟系统,虚拟系统也不能访问其他机器,就只使用 VMnet1 网卡,如图 1-34 所示。

1.3.3 NAT 模式

这种方式也可以实现本机系统与虚拟系统的双向访问,但网络内其他机器不能访问虚拟机,虚拟系统可通过本机系统用 NAT 协议访问网络内其他机器,VMware 就模拟成了一个具有 DHCP 功能的路由器,这时就要用 VMnet8 了,如图 1-35 所示。

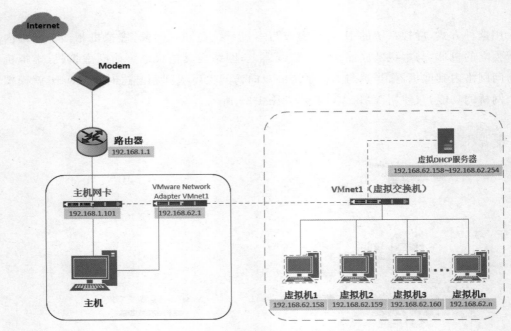

图 1-34 仅主机模式

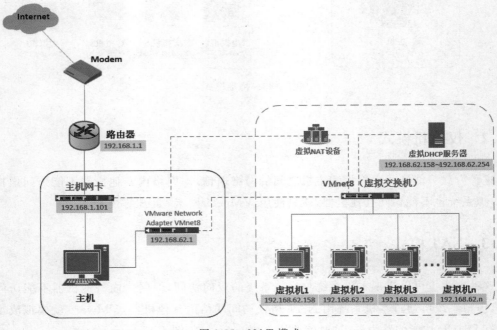

图 1-35 NAT 模式

本 章 小 结

本章主要介绍了 Linux 的概况,介绍了自由软件的特点及相关术语、Linux 操作系统的组成、常见发行版本、Linux 操作系统的安装配置方法等,为进一步更好地学习使用 Linux 操作系统做准备工作。

本 章 习 题

1. 什么是自由软件?
2. Linux 操作系统的特点有哪些?
3. 常见的 Linux 发行版本有哪些?
4. Linux 有哪些安装方式? 其特点分别是什么?

第2章 Linux操作系统管理常用命令

用户管理 Linux 操作系统是通过从终端发命令的方式来进行的,Linux 命令包括常用命令、文件操作命令、用户和组管理命令、网络管理和通信命令、进程管理命令等。Linux 操作系统的命令功能非常强大,使用灵活,熟悉掌握这些命令后,可以高效率地对系统进行管理。

本章主要学习以下内容。

- 熟练掌握 Linux 操作系统的文件操作相关命令。
- 熟练掌握 Linux 操作系统的用户管理方法及相关命令。
- 熟练掌握 Linux 操作系统的网络管理相关命令。
- 熟练掌握 Linux 操作系统的进程管理相关命令。
- 理解 Linux 操作系统输入/输出重定向和管道机制。

2.1 Linux 常用命令

下面介绍一些 Linux 操作系统常用的简单命令,执行这些命令只需在终端输入命令名,按 Enter 键即可。

1. date 命令

date 命令用于显示系统当前的日期和时间,如:

```
[root@localhost ~]#date
2018 年 01 月 21 日 星期日 20:39:17 CST
```

2. pwd 命令

pwd 命令用于显示当前工作路径,如:

```
[root@localhost ~]#pwd
/root
```

3. cd 命令

cd 命令用于切换当前路径,如:

```
[root@localhost ~]#cd /home
[root@localhost home]#pwd
/home
```

4. cal 命令

cal 命令用于显示日历,可显示公元 1~9999 年中某年某月的日历。不带参数显示当前月份的日历,或带参数显示指定年份、月份的日历。

```
[root@localhost home]#cal
     一月 2018
日 一 二 三 四 五 六
    1  2  3  4  5  6
 7  8  9 10 11 12 13
14 15 16 17 18 19 20
21 22 23 24 25 26 27
28 29 30 31
```

5. who 命令

who 命令用于显示当前已经登录到系统的所有用户名、登录终端以及登录时间,如:

```
[root@localhost home]#who
root    :0            2018-01-21 20:37
root    pts/1         2018-01-21 20:37 (:0.0)
```

6. wc 命令

wc 命令用于统计给定文件的行数、字数、字符数,使用格式为

```
wc [-lwc] 文件名
```

选项-l 表示统计行数;选项-w 表示统计单词数;选项-c 表示统计字符数,如:

```
[root@localhost ~]#wc -l test.c
7 test.c
[root@localhost ~]#wc -lwc test.c
7 13 95 test.c
```

7. uname 命令

uname 命令用于显示操作系统当前信息,可带有多个选项。

```
[root@localhost ~]#uname -a
Linux localhost.localdomain 2.6.32-696.el6.i686 #1 SMP Tue Mar 21 18:53:30 UTC
2017 i686 i686 i386 GNU/Linux
```

8. clear 命令

clear 命令用于刷新屏幕,清空屏幕上的所有字符。

9. logout 命令

logout 命令用于注销登录信息,用户输入 logout 命令直接退出系统,回到登录前的界面。

10. shutdown 命令

shutdown 命令用于执行后关闭操作系统。

2.2 命令高级操作

Linux 操作系统的命令除了在终端输入外,还有一些高级使用技巧,通过这些高级操作,不仅可以快捷地使用命令,还能将多个命令组合起来,实现更复杂的功能。

2.2.1 命令补全

Linux 的命令较多,有的命令比较长,容易出现拼写错误。Linux 的命令补全功能可以解决这个问题,用户在终端输入命令时,不用输入完整的命令,只要输入命令的前几个字符,按 Tab 键,如果有唯一的命令或文件名与其匹配,系统会自动补全后面的字符;如果有多个命令或文件与之匹配,系统会列出所有与之匹配的命令或文件名,用户可以找到所需的内容,而不必输入完整的命令,从而方便了用户的操作。

例如,输入 wher,按 Tab 键,系统会找到唯一匹配的命令 whereis,并补全后面的字符:

```
[root@localhost ~]#whereis
```

又例如,输入 ma,按两次 Tab 键,系统会将所有以 ma 开头的命令显示出来,用户可以根据显示的内容重新输入正确的命令。

```
[root@localhost ~]#ma<Tab 键>
macptopbm        mailq.postfix    makempx        manpage-alert    matchpathcon
mag              mailx            makewhatis     manpath          mattrib
magnifier        make             mako-render    manweb
mail             makedumpfile     man            mapfile
mailq            makeindex        man2html       mapscrn
```

2.2.2 使用历史命令

用户在使用 Linux 操作系统的过程中,输入的所有命令都会被系统自动记录下来,如果后期需要使用前面使用过的命令,可以通过上下箭头来选择最近使用过的命令,还可以使用 history 命令查看所有历史命令。例如:

```
[root@localhost ~]#history
    1  pwd
    2  who
    3  cd /home
    4  ls -l
    5  cd ~
    6  ls
    7  gcc test.c -o test
    8  ls -l
```

2.2.3 输入/输出重定向

Linux 操作系统默认的输入设备是键盘,输出设备是显示器。输入重定向功能可以让用户将某个文件作为输入设备,输出重定向功能可以把某个文件作为输出设备,从而使系统的使用更加灵活。

输入重定向符号是"＜",执行该命令,"＜"后面的文件替代用户从键盘输入的内容。例如:

```
[root@localhost ~]#mail -s "test mail" tiger@localhost <file1
```

将 file1 文件的内容直接发送到 tiger 用户的邮箱。

输出重定向符号是"＞"和"＞＞","＞"将输出内容直接写入指定文件,"＞＞"叫重定向附加,即将输出内容附加在指定文件后面。另外,还有错误重定向输出"2＞",可以把命令行出错的信息保存到指定文件中去。例如:

```
[root@localhost ~]#ls >filelist          //将文件列表输出到 fielist 文件中
[root@localhost ~]#cal >>filelist        //将日历信息附加到 filelist 文件后面
```

2.2.4 管道功能

Linux 操作系统中,命令执行完毕会有输出信息(没有输出信息的也可以认为是输出空信息),使用管道功能可以把一个命令的输出信息作为另一个命令的输入信息,从而将两个或两个以上的简单命令连接在一起,实现复杂的功能。

管道功能通过管道线"|"实现,管道线"|"前面命令的输出信息是管道线"|"后面命令的输入信息。例如:

```
[root@localhost ~]#ls                         //显示文件和目录
anaconda-ks.cfg install.log.syslog  test.c  模板  图片  下载  桌面
install.log     test              公共的  视频  文档  音乐
[root@localhost ~]#ls  | wc  -w               //统计文件和目录的数量
13
```

2.3 文件操作命令

文件是构成 Linux 操作系统的最基本元素,操作系统的信息以文件的形式保存和管理,很多操作系统的功能都通过对文件的操作来实现,所以文件操作命令也是用户需要掌握的最基本的系统命令。下面介绍一些最基本的文件操作命令。

1. ls 命令

ls 命令用来显示文件列表,其语法格式为

```
ls  [选项]  [目录或文件名]
```

ls 命令不带任何参数，默认显示当前目录文件列表。通过选项参数，可以设定显示文件列表的信息和格式，如表 2-1 所示。

表 2-1 ls 命令选项列表

命令选项	含　义
-a	显示所有文件及目录，目录中以"."开头的文件是隐藏文件，普通 ls 命令不会列出，只有带"-a"参数才能显示出来
-l	以长格式显示目录下的内容列表，输出的信息从左到右依次包括文件名、文件类型、权限模式、硬链接数、所有者、组、文件大小和文件的最后修改时间等
-i	显示文件索引节点号（inode），一个索引节点代表一个文件
-r	以文件名反序排列并输出目录内容列表
-t	用文件和目录的更改时间排序
-m	用","号区隔每个文件和目录的名称
-R	递归显示指定目录下的所有文件及子目录

例如：

```
[root@localhost ~]#ls
anaconda-ks.cfg  install.log.syslog  test.c  模板  图片  下载  桌面
install.log      test                        公共的  视频  文档  音乐
```

不带参数的 ls 命令显示文件和目录名称。

```
[root@localhost ~]#ls -l
总用量 124
-rw-------. 1 root root   2214 12 月   17 20:42 anaconda-ks.cfg
-rw-r--r--. 1 root root  61195 12 月   17 20:42 install.log
-rw-r--r--. 1 root root  11947 12 月   17 20:40 install.log.syslog
-rwxr-xr-x. 1 root root   5742 1 月    18 22:49 test
-rwxr--r--. 1 root root     95 1 月    18 22:49 test.c
drwxr-xr-x. 2 root root   4096 1 月    17 11:14 公共的
drwxr-xr-x. 2 root root   4096 1 月    17 11:14 模板
drwxr-xr-x. 2 root root   4096 1 月    17 11:14 视频
drwxr-xr-x. 2 root root   4096 1 月    17 11:14 图片
drwxr-xr-x. 2 root root   4096 1 月    17 11:14 文档
drwxr-xr-x. 2 root root   4096 1 月    17 11:14 下载
drwxr-xr-x. 2 root root   4096 1 月    17 11:14 音乐
drwxr-xr-x. 2 root root   4096 1 月    18 13:22 桌面
```

带参数-l 的 ls 命令显示文件和目录的详细信息，这些信息依次是文件类型、访问权限、链接数、属主、属组、文件长度、文件建立时间、文件名。

2. cd 命令

cd 命令用来切换工作目录至指定目录,可以用绝对路径或相对路径表示指定目录。若目录名称省略,则变换至使用者的"家"目录。另外,"～"也表示为"家"目录的意思;"."则是表示目前所在的目录;".."则表示目前目录位置的上一层目录。

例如:

```
[root@localhost ~]#pwd                    //显示当前目录
/root
[root@localhost ~]#cd /home               //切换工作目录到/home 目录
[root@localhost home]#pwd
/home
[root@localhost home]#cd                   //切换工作目录到 root 的"家"目录
[root@localhost ~]#pwd
/root
```

3. cat 命令

cat 命令用来显示文件的内容,还可以利用输入/输出重定向功能建立小型文件或将两个文件连接起来。当文件较大时,cat 命令显示的文件内容在屏幕上迅速闪过(滚屏),用户往往看不清所显示的内容。在滚屏时,可以按 Ctrl＋S 组合键,停止滚屏;按 Ctrl＋Q 组合键可以恢复滚屏。按 Ctrl＋C(中断)组合键可以终止该命令的执行,并且返回 Shell 提示符状态。使用方法为

```
cat [选项]   [文件名]
```

cat 命令的常用选项是-n,显示文件时在每行前面加行号。

例如,直接显示文件内容:

```
[root@localhost ~]#cat test.c
#include <stdio.h>
int main()
{
printf("hello,this is a test program.\n");
return 0;
}
```

带-n 参数显示文件时加行号:

```
[root@localhost ~]#cat -n test.c
    1    #include <stdio.h>
    2    int main()
    3    {
    4    printf("hello,this is a test program.\n");
    5    return 0;
    6    }
```

4. more 命令

more 命令用来分屏显示大文件,当显示满一屏后停下来,并且在屏幕的底部出现一个

提示信息,给出至今已显示的该文件的百分比:--More--(XX%),按空格键显示文本的下一屏内容;按 Enter 键显示文本的下一行内容;按 B 键显示上一屏内容;按 Q 键退出 more 命令。例如,用 more 命令查看/etc/passwd 文件:

```
[root@localhost ~]#more /etc/passwd
root:x:0:0:root:/root:/bin/bash
bin:x:1:1:bin:/bin:/sbin/nologin
daemon:x:2:2:daemon:/sbin:/sbin/nologin
adm:x:3:4:adm:/var/adm:/sbin/nologin
lp:x:4:7:lp:/var/spool/lpd:/sbin/nologin
sync:x:5:0:sync:/sbin:/bin/sync
shutdown:x:6:0:shutdown:/sbin:/sbin/shutdown
halt:x:7:0:halt:/sbin:/sbin/halt
mail:x:8:12:mail:/var/spool/mail:/sbin/nologin
uucp:x:10:14:uucp:/var/spool/uucp:/sbin/nologin
operator:x:11:0:operator:/root:/sbin/nologin
games:x:12:100:games:/usr/games:/sbin/nologin
gopher:x:13:30:gopher:/var/gopher:/sbin/nologin
ftp:x:14:50:FTP User:/var/ftp:/sbin/nologin
nobody:x:99:99:Nobody:/:/sbin/nologin
dbus:x:81:81:System message bus:/:/sbin/nologin
abrt:x:173:173::/etc/abrt:/sbin/nologin
usbmuxd:x:113:113:usbmuxd user:/:/sbin/nologin
rpc:x:32:32:Rpcbind Daemon:/var/lib/rpcbind:/sbin/nologin
hsqldb:x:96:96::/var/lib/hsqldb:/sbin/nologin
rtkit:x:499:497:RealtimeKit:/proc:/sbin/nologin
oprofile:x:16:16:Special user account to be used by OProfile:/home/oprofile:/
sbin/ nologin
--More-- (54%)
```

5. head 命令

head 命令用于显示文件的开头内容。在默认情况下,head 命令显示文件的头 10 行内容。例如,用 head 命令查看/etc/passwd 文件前 10 行:

```
[root@localhost ~]#head /etc/passwd
root:x:0:0:root:/root:/bin/bash
bin:x:1:1:bin:/bin:/sbin/nologin
daemon:x:2:2:daemon:/sbin:/sbin/nologin
adm:x:3:4:adm:/var/adm:/sbin/nologin
lp:x:4:7:lp:/var/spool/lpd:/sbin/nologin
sync:x:5:0:sync:/sbin:/bin/sync
shutdown:x:6:0:shutdown:/sbin:/sbin/shutdown
halt:x:7:0:halt:/sbin:/sbin/halt
mail:x:8:12:mail:/var/spool/mail:/sbin/nologin
uucp:x:10:14:uucp:/var/spool/uucp:/sbin/nologin
```

6. tail 命令

tail 命令用于输入文件中的尾部内容。在默认情况下,tail 命令显示文件的末尾 10 行内容。例如,用 tail 命令查看/etc/passwd 文件后 10 行:

```
[root@localhost ~]#tail /etc/passwd
pulse:x:497:495:PulseAudio System Daemon:/var/run/pulse:/sbin/nologin
haldaemon:x:68:68:HAL daemon:/:/sbin/nologin
ntp:x:38:38::/etc/ntp:/sbin/nologin
apache:x:48:48:Apache:/var/www:/sbin/nologin
radvd:x:75:75:radvd user:/:/sbin/nologin
gdm:x:42:42::/var/lib/gdm:/sbin/nologin
qemu:x:107:107:qemu user:/:/sbin/nologin
sshd:x:74:74:Privilege-separated SSH:/var/empty/sshd:/sbin/nologin
tcpdump:x:72:72::/:/sbin/nologin
g:x:500:500:g:/home/g:/bin/bash
```

7. cp 命令

cp 命令用来将一个或多个源文件(或目录)复制到指定的目标目录中。其语法格式为

```
cp [选项] 源文件或目录　目标文件或目录
```

表 2-2 所示为 cp 命令选项列表。

表 2-2　cp 命令选项列表

命令选项	含　义
-d	当复制符号连接时,把目标文件或目录也建立为符号连接,并指向与源文件或目录连接的原始文件或目录
-f	强行复制文件或目录,不论目标文件或目录是否已存在
-i	覆盖既有文件之前先询问用户
-l	对源文件建立硬链接,而非复制文件
-s	对源文件建立符号连接,而非复制文件
-u	使用这项参数后只会在源文件的更改时间较目标文件更新时或是名称相互对应的目标文件并不存在时,才复制文件
-R/r	递归处理,将指定目录下的所有文件与子目录一并处理

例如,复制/etc/passwd 文件到当前目录并改名为 passwd.bak:

```
[root@localhost ~]cp /etc/passwd passwd.bak
```

8. mv 命令

mv 命令用来将文件从一个目录移到另一个目录中,或对文件或目录重新命名。其语法格式为

```
mv [选项] 源文件或目录　目标文件或目录
```

表 2-3 所示为 mv 命令选项列表。

表 2-3　mv 命令选项列表

命令选项	含　义
-b	当目标文件存在时,覆盖前,为其创建一个备份

命令选项	含　义
-f	若目标文件或目录与现有的文件或目录重复,则直接覆盖现有的文件或目录
-i	交互式操作,覆盖前先行询问用户,如果源文件与目标文件或目标目录中的文件同名,则询问用户是否覆盖目标文件。用户输入"y",表示将覆盖目标文件;输入"n",表示取消对源文件的移动,这样可以避免误将文件覆盖

例如,将当前目录中 passwd.bak 文件搬移到/home 目录下:

```
[root@localhost ~]mv passwd.bak /home/passwd.bak
```

9. rm 命令

rm 命令可以删除一个目录中的一个或多个文件或目录,也可以将某个目录及其下属的所有文件和子目录均删除。如果删除的是链接文件,链接文件对应的原文件保持不变。其语法格式为

```
rm [选项] 文件或目录列表
```

表 2-4 所示为 rm 命令选项列表。

表 2-4　rm 命令选项列表

命令选项	含　义
-f	强制删除文件或目录
-i	交互式操作,删除前先行询问用户是否确认删除
-R/r	递归删除目录,将指定目录下的所有文件与子目录一并处理

例如,用 rm 命令删除文件:

```
[root@localhost ~]#rm -i test
rm:是否删除普通文件 "test"?n            //删除文件时有提示
[root@localhost ~]#rm -f test            //删除文件时没有提示,直接删除
[root@localhost ~]#
```

10. touch 命令

touch 命令的功能是创建新的空文件或者改变已有文件的时间标签(已有文件的数据不变)。其语法格式为

```
touch [选项] 文件名
```

当文件不存在时,touch 命令建立一个新的空文件,如:

```
[root@localhost ~]#touch testfile            //建立新文件 testfile
[root@localhost ~]#ls -l testfile
-rw-r--r--. 1 root root 0 1 月　23　10:20 testfile
```

当文件已经存在时,touch 命令改变该文件的创建日期,如:

```
[root@localhost ~]#ls -l test.c
-rwxr--r--. 1 root root 95 1月  23 10:10 test.c
[root@localhost ~]#touch test.c                //文件 test.c 已经存在,改变其日期
[root@localhost ~]#ls -l test.c
-rwxr--r--. 1 root root 95 1月  23 11:22 test.c
```

11. file 命令

file 命令用来识别文件类型,也可用来辨别一些文件的编码格式。在 Linux 操作系统中,文件的类型不是像 Windows 那样通过扩展名来确定的,可以使用 file 命令通过查看文件的头部信息来获取文件类型。

例如:

```
[root@localhost ~]#file test.c
test.c: ASCII C program text, with CRLF line terminators
[root@localhost ~]#file test
test: ELF 32-bit LSB executable, Intel 80386, version 1 (SYSV), dynamically
linked (uses shared libs), for GNU/Linux 2.6.18, not stripped
```

12. find 命令

find 命令的功能是在文件系统中查找指定的文件,可以根据文件的名称、大小、建立时间等信息查找文件。因为 Linux 的版本很多,不同版本的相应文件有可能放在不同的目录中,通过 find 命令,可以把需要的文件准确地找出来。

find 命令语法格式为

```
find [目录列表] [文件的匹配标准]
```

表 2-5 所示为 find 命令匹配标准。

表 2-5 find 命令匹配标准

匹配标准	含 义
-name	指定文件名字符串作为寻找文件的匹配标准,可用通配符 * 和?
-type	查找符合指定的文件类型的文件,如 f(普通文件)、d(目录)、l(符号链接)、c(字符特殊)、b(块特殊)、p(命名管道)、s(套接文件)
-perm	查找符合指定的权限数值的文件或目录
-links	查找符合指定的硬链接数目的文件或目录
-size	查找符合指定的文件大小的文件,单位可以为 c——字节,w——字(2 字节),b——块(512字节),k——千字节,M——兆字节,G——吉字节,可用"+"表示大于,"-"表示小于,不用"+-"表示等于
-atime	查找在指定时间曾被存取过的文件或目录,单位以天计算
-mtime	查找在指定时间曾被更改过的文件或目录,单位以天计算
-user	查找符合指定的拥有者名称的文件或目录
-group	查找符合指定的群组名称的文件或目录

例如:

```
[root@localhost ~]#find / -name "*.c"
```

查找/目录下的所有 *.c 文件,即在整个文件系统中查找 *.c 文件。

```
[root@localhost ~]#find /home -perm 744
```

查找/home 目录下的所有访问权限为 744 的文件。

```
[root@localhost ~]#find . -type f -size 5k
```

在当前目录下查找文件长度等于 5KB 的普通文件。

```
[root@localhost ~]#find . -type f -size +2M
```

在当前目录下查找文件长度大于 2MB 的普通文件。

```
[root@localhost ~]#find /home -user root
```

在/home 目录下查找文件属主为 root 的文件。

13. grep 命令

grep 命令在指定文件中检索匹配关键字信息,并把匹配的行打印出来。表 2-6 所示为 grep 命令选项列表。

表 2-6　grep 命令选项列表

命令选项	含　义
-i	忽略字符大小写的差别
-n	在输出匹配行之前,标出该行的行号
-v	反转查找,即查找不包含所查字符串的行

例如,在 passwd 文件中查找带字符串 root 的行:

```
[root@localhost ~]#grep root /etc/passwd
root:x:0:0:root:/root:/bin/bash
operator:x:11:0:operator:/root:/sbin/nologin
```

14. sort 命令

sort 命令将文件进行排序,并将排序结果标准输出。sort 命令既可以从特定的文件,也可以从输入设备中获取输入。sort 命令将文件的每一行作为一个单位进行比较,比较原则是从首字符向后,依次按 ASCII 码值进行比较,最后将它们按升序输出。表 2-7 所示为 sort 命令选项列表。

表 2-7　sort 命令选项列表

命令选项	含　义
-b	忽略每一行前面的所有空字符,从第一个可见字符开始比较
-n	要以数值来排序

续表

命令选项	含　　义
-f	排序时,将小写字母视为大写字母,即忽略大小写
-t	设定间隔符
-k	指定排序关键字
-r	以相反的顺序来排序

例如,对 passwd 文件进行排序:

```
[root@localhost ~]#sort /etc/passwd
abrt:x:173:173::/etc/abrt:/sbin/nologin
adm:x:3:4:adm:/var/adm:/sbin/nologin
apache:x:48:48:Apache:/var/www:/sbin/nologin
avahi-autoipd:x:170:170:Avahi IPv4LL Stack:/var/lib/avahi-autoipd:/sbin/nologin
bin:x:1:1:bin:/bin:/sbin/nologin
daemon:x:2:2:daemon:/sbin:/sbin/nologin
dbus:x:81:81:System message bus:/:/sbin/nologin
ftp:x:14:50:FTP User:/var/ftp:/sbin/nologin
games:x:12:100:games:/usr/games:/sbin/nologin
gdm:x:42:42::/var/lib/gdm:/sbin/nologin
…
```

需要注意的是,sort 命令只是将文件按行排序的结果输出到屏幕,并不改变文件本身。

15. mkdir 命令

mkdir 命令用来创建目录。其语法格式为

```
mkdir [选项]　目录列表
```

如果在目录名的前面没有加任何路径名,则在当前目录下创建新目录;如果给出了一个已经存在的路径,将会在该目录下创建一个指定的目录。在创建目录时,应保证新建的目录与它所在目录下的文件没有重名。表 2-8 所示为 mkdir 命令选项列表。

表 2-8　mkdir 命令选项列表

命令选项	含　　义
-m	建立目录的同时设置目录的权限
-p	若所要建立目录的上层目录目前尚未建立,则会一并建立上层目录

例如,建立目录 data:

```
[root@localhost ~]#mkdir data
[root@localhost ~]#ls -l
drwxr-xr-x. 2 root root  4096 1月  23 17:40 data
```

16. rmdir 命令

rmdir 命令用来删除空目录。其语法格式为

```
rmdir [选项]  目录列表
```

被删除目录应该是空目录,也就是说,该目录中没有别的文件。另外,当前工作目录必须在被删除目录之上,不能是被删除目录本身,也不能是被删除目录的子目录。

也可以用带有-r选项的rmdir命令递归删除一个目录中的所有文件和该目录本身,但是这样做存在较大风险,应谨慎使用。

表2-9所示为rmdir命令选项列表。

表 2-9　　rmdir 命令选项列表

命令选项	含　　义
-r	强制删除目录及目录中的文件和子目录
-p	删除指定目录后,若该目录的上层目录已变成空目录,则将其一并删除

17. tar 命令

在Linux操作系统的使用过程中,经常需要处理、备份、传送大量文件,可以通过打包、压缩命令将多个文件或目录打包到一个文件里,方便系统管理。

Linux中常用的打包命令是tar,使用tar命令打出来的包常被称为tar包,在生成tar包文件时,通常都是以.tar结尾命名文件。tar命令本身没有压缩功能,需要调用gzip程序对生成的tar包进行压缩。tar命令使用格式为

```
tar [选项] 包文件名 文件或目录
```

表2-10所示为tar命令选项列表。

表 2-10　　tar 命令选项列表

命令选项	含　　义	命令选项	含　　义
-c	建立新的备份文件	-x	从备份文件中还原文件
-f	指定备份文件	-v	打包时显示指令的执行过程
-z	通过 gzip 指令处理备份文件		

例如:

```
[root@localhost ~]#tar -cvf cfile.tar *.c
```

将当前目录下 *.c 文件打包到 cfile.tar,不压缩。

```
[root@localhost ~]#tar -czvf cfile.tar.gz *.c
```

将当前目录下 *.c 文件打包到 cfile.tar.gz,并调用 gzip 程序压缩。

```
[root@localhost ~]#tar -xvf cfile.tar
```

将包文件 cfile.tar 解包,释放包中文件。

```
[root@localhost ~]#tar -xzvf cfile.tar.gz
```

将包文件 cfile.tar.gz 解包,释放包中文件。

需要注意的是,如果在打包时用了"-z"选项压缩包文件,在解包时也要用"-z"选项。

18. gzip 命令

Linux 操作系统中有很多压缩工具,其中最常用的压缩、解压工具是 gzip/gunzip。gzip 是 GNUzip 的缩写,它是一个 GNU 自由软件的文件压缩程序。在 Linux 中经常会看到后缀为.gz 的文件,它们就是 GZIP 格式的。gzip 工具可以单独使用,也可以结合打包工具 tar 使用,而多数情况下是在使用 tar 命令时调用 gzip,打包操作的同时进行压缩、解压的。

gzip 的命令格式如下:

```
gzip  [选项] 文件
```

表 2-11 所示为 gzip 命令选项列表。

表 2-11　gzip 命令选项列表

命令选项	含　义
-d	解开压缩文件
-l	列出压缩文件的相关信息
-r	将指定目录下的所有文件及子目录一并处理
-t	测试压缩文件是否正确无误
-v	显示指令执行过程

例如:

```
[root@localhost ~]#gzip fun.c
```

将当前目录下 fun.c 文件压缩为 fun.c.gz,并删除源文件 fun.c。

```
[root@localhost ~]#gzip -d fun.c.gz
```

将压缩包 fun.c.gz 中的源文件释放,并删除压缩包文件 fun.c.gz(注:命令 gzip -d 和 gunzip 的效果是一样的,都是释放压缩包里的文件)。

2.4　用户与组管理命令

Linux 是一个多用户、多任务的操作系统,每个使用操作系统的人员必须先得到一个用户账号,通过账号和密码进行身份验证。Linux 操作系统的用户管理机制非常完善,它给每个用户分配唯一的 UID 进行标识,将用户分为组,每个用户至少要属于某一组,用户只能在所属组的权限内工作,这样既方便了系统管理,也提高了系统的安全性。

Linux 用户分为 3 类。第一类是超级用户(root),UID 为 0,它有极大的权限,对系统有绝对的控制权,能够对系统进行所有操作。超级用户的权限太大了,其不当操作会对系统造成损坏,如误删文件或执行某个有破坏性的命令等,所以使用超级用户时要小心谨慎。第二类是系统用户,UID 为 1~499,在 Linux 操作系统里面,任何一个进程操作都要有一个用户身份,某些系统进程或服务进程启动时,其对应的用户身份就是系统用户。第三类是普通用户,UID 大于或等于 500 的都是普通用户,这类用户的权限会受到一些限制。为了系统安全,计算机的管理员应为自己建立一个普通用户账号,平时使用普通用户的身份登录系统,这样即使有些破坏性操作也会被系统拦截住的。

Linux 操作系统的用户和组信息保存在系统配置文件中,其中用户信息保存在/etc/passwd 和/etc/shadow 文件中,组信息保存在/etc/group 和/etc/gshadow 文件中,这 4 个文件都是文本文件,文件格式也相似。

1. 配置文件

1) /etc/passwd 文件

使用 cat 命令查看/etc/passwd 文件内容:

```
[root@localhost ~]#cat /etc/passwd
root:x:0:0:root:/root:/bin/bash
bin:x:1:1:bin:/bin:/sbin/nologin
daemon:x:2:2:daemon:/sbin:/sbin/nologin
…
sshd:x:74:74:Privilege-separated SSH:/var/empty/sshd:/sbin/nologin
tcpdump:x:72:72::/:/sbin/nologin
g:x:500:500:g:/home/g:/bin/bash
```

可以看到,文件里每一行文字对应着一个用户,每行文字被":"分隔为 7 个字段,其格式如下:

用户名:口令:用户 ID:组 ID:注释性描述:主目录:登录 Shell

各字段具体含义如下。

- **用户名**:表示用户名称的字符串。
- **口令**:口令字段中现在用"x"填充,真正的口令经过加密保存在/etc/shadow 中。
- **用户 ID**:是一个整数,系统内部用它来标识用户。root 的 ID 是 0,系统用户的 ID 是 1~499,普通用户的 ID 从 500 开始。
- **组 ID**:是一个整数,系统用来标识用户所属组。
- **注释性描述**:用来保存用户相关信息,如姓名、住址、电话等,也可为空。
- **主目录**:用户登录系统后的初始工作目录。
- **登录 Shell**:用户登录系统默认的 Shell 程序。

2) /etc/shadow 文件

使用 cat 命令查看/etc/shadow 文件内容:

```
[root@localhost ~]#cat /etc/shadow
root:$6$NJg0bEKLeyNJf4Ab$7H.NXQlE90hhUiBA2nRUdNY9yDRtjqcx7ZhuIy81pUfXjLsB
lrunRlc7T8BmI5wWx5ZJiak7O5XkwLEjzz4s8/:17517:0:99999:7:::
bin:*:17246:0:99999:7:::
daemon:*:17246:0:99999:7:::
…
sshd:!!:17517::::::
```

```
tcpdump:!!:17517::::::
g:$6$2K8y4iJg8SOzzeuA$ZnaIuwKcqDyGQ7ln3wvYRDF97FbpUGxBFizRqmYnxZwXGWsEWJg
mgwqn80e9c11X13dFC2ovyR4fhknGD/S5u/:17517:0:99999:7:::
```

可以看到，/etc/shadow 文件的结构类似/etc/passwd，每一行文字对应着一个用户，每行文字被"："分隔为 9 个字段，其格式如下：

用户名:口令:最近改密日期:最小时间间隔:最大时间间隔:警告时间:不活动时间:失效时间:保留

各字段具体含义如下。
- **用户名**：表示用户名称的字符串。
- **口令**：经过加密的口令。
- **最近改密日期**：从 1970 年 1 月 1 日开始到最后一次修改密码的天数。
- **最小时间间隔**：指的是两次修改口令之间所需的最小天数。
- **最大时间间隔**：指的是口令保持有效的最大天数。
- **警告时间**：从系统开始警告用户到用户密码正式失效之间的天数。
- **不活动时间**：用户没有登录活动但账号仍能保持有效的最大天数。
- **失效时间**：从 1970 年 1 月 1 日开始计算的天数，过了这个日期账号失效。
- **保留**：保留位，以后可能用到。

3）/etc/group 文件

使用 cat 命令查看/etc/group 文件内容：

```
[root@localhost ~]#cat /etc/group
root:x:0:
bin:x:1:bin,daemon
daemon:x:2:bin,daemon
...
slocate:x:21:
tcpdump:x:72:
g:x:500:
```

可以看到，/etc/group 文件中，每一行文字对应着一个组，每行文字被"："分隔为 4 个字段，其格式如下：

组名称:组密码:组 ID:组用户列表

各字段具体含义如下。
- **组名称**：用户组的名称。
- **组密码**：用户组的密码，现在用"x"填充。
- **组 ID**：组 ID 与用户 ID 类似，也是一个整数，被系统内部用来标识组。
- **组用户列表**：属于这个组的所有用户的列表，不同用户之间用逗号(,)分隔。

4）/etc/gshadow 文件

使用 cat 命令查看/etc/gshadow 文件内容：

```
[root@localhost ~]#cat /etc/gshadow
root:::
bin:::bin,daemon
daemon:::bin,daemon
...
slocate:!::
tcpdump:!::
g:!!::
```

可以看到，/etc/gshadow 文件中，每一行文字对应着一个组，每行文字被"："分隔为 4 个字段，其格式如下：

> 组名称:组密码:组管理员账号:组用户列表

各字段具体含义如下。
- **组名称**：用户组的名称。
- **组密码**：用户组的密码。
- **组管理员账号**：组管理员有权限添加、删除该组成员。
- **组用户列表**：属于这个组的所有用户的列表，不同用户之间用逗号(,)分隔。

在 Linux 操作系统中，用户和组的概念非常重要，每个用户必须先由管理员建立一个账号，通过使用该账号才能登录系统。又可以将用户分成若干组，不同组赋予不同权限，这样既方便了系统管理，又提高了系统安全性。

2. 用户与组管理命令

1）useradd 命令

useradd 命令用来添加用户账号，并为该账号设置用户名、用户组、主目录、登录 Shell 等。其语法格式为

> useradd [选项] 用户名

表 2-12 所示为 useradd 命令选项列表。

表 2-12　useradd 命令选项列表

命令选项	含　　义
-d	指定用户登录时的起始目录
-c	给用户加上备注文字
-e	指定账号的有效期限
-f	指定在密码过期后多少天即关闭该账号
-g	指定用户所属的群组
-s	指定用户登入后所使用的 Shell
-u	指定用户 ID

例如，增加一个用户 user1：

```
[root@localhost ~]#useradd user1
[root@localhost ~]#tail /etc/passwd
```

```
haldaemon:x:68:68:HAL daemon:/:/sbin/nologin
ntp:x:38:38::/etc/ntp:/sbin/nologin
apache:x:48:48:Apache:/var/www:/sbin/nologin
radvd:x:75:75:radvd user:/:/sbin/nologin
gdm:x:42:42::/var/lib/gdm:/sbin/nologin
qemu:x:107:107:qemu user:/:/sbin/nologin
sshd:x:74:74:Privilege-separated SSH:/var/empty/sshd:/sbin/nologin
tcpdump:x:72:72::/:/sbin/nologin
g:x:500:500:g:/home/g:/bin/bash
user1:x:501:501::/home/user1:/bin/bash
```

用 tail 命令查看/etc/passwd 文件后 10 行,可以看到 user1 用户信息被加到/etc/
passwd 文件的最后一行。

2) passwd 命令

普通用户可用 passwd 命令修改自己的用户密码,超级用户还可以使用该命令修改自
己和普通用户的密码,设置普通用户的密码有效期、锁定用户密码等。其语法格式为

```
passwd [选项] 用户名
```

表 2-13 所示为 passwd 命令选项列表。

表 2-13　passwd 命令选项列表

命令选项	含　义	命令选项	含　义
-l	锁定密码,使用户无法登录系统	-u	启用已被停止的账户
-d	删除密码	-f	强制执行
-S	显示密码信息		

例如,修改用户 user1 的密码:

```
[root@localhost ~]#passwd user1
更改用户 user1 的密码。
新的密码:
重新输入新的密码:
passwd:所有的身份验证令牌已经成功更新。
```

每次修改用户密码要重复输入两次。

3) userdel 命令

userdel 命令用来删除用户账号。其语法格式为

```
userdel [选项] 用户名
```

表 2-14 所示为 userdel 命令选项列表。

表 2-14　userdel 命令选项列表

命令选项	含　义
-r	删除用户的同时也删除用户家目录里面的文件
-f	强制删除用户账号,即使该用户仍在登录

4）usermod 命令

usermod 命令用来修改用户账号属性，如用户 ID、用户组、家目录、登录 Shell 等。其语法格式为

```
usermod [选项] 用户名
```

表 2-15 所示为 usermod 命令选项列表。

表 2-15　usermod 命令选项列表

命令选项	含　　义
-c	修改用户账号的备注文字
-d	修改用户登录时的目录
-e	修改账号的有效期限
-f	修改在密码过期后多少天即关闭该账号
-g	修改用户所属的群组
-l	修改用户账号名称
-L	锁定用户密码，使密码无效
-s	修改用户登入后所使用的 Shell
-u	修改用户 ID
-U	解除密码锁定

例如：

```
[root@localhost ~]#usermod -L user1
```

锁定用户 user1，被锁定后 user1 不能登录使用系统。

```
[root@localhost ~]#usermod -U user1
```

解锁用户 user1，解锁后 user1 就可以登录使用系统。

5）groupadd 命令

groupadd 命令用来添加用户组账号。其语法格式为

```
groupadd [选项] 用户组名
```

表 2-16 所示为 groupadd 命令选项列表。

表 2-16　groupadd 命令选项列表

命令选项	含　　义
-g	指定新建用户组的 ID
-r	创建系统用户组，系统用户组的 ID 取值为 1～499
-o	允许添加用户组 ID 号不唯一的工作用户组

例如：

```
[root@localhost ~]#groupadd group1
[root@localhost ~]#tail /etc/group
radvd:x:75:
gdm:x:42:
kvm:x:36:qemu
qemu:x:107:
sshd:x:74:
slocate:x:21:
tcpdump:x:72:
g:x:500:
user1:x:501:
group1:x:502:
```

新建了一个组 group1,该组账号添加在/etc/group 文件的最后一行。

6) groupdel 命令

groupdel 命令用来删除用户组。其语法格式为

> groupdel [选项] 工作组名

用 groupdel 命令删除用户组时,若该用户组中仍包括某些用户,则必须先删除这些用户后,方能删除用户组。

7) groupmod 命令

groupmod 命令用来修改用户组属性,如更改用户组 ID 或名称。其语法格式为

> groupmod [选项] 工作组名

表 2-17 所示为 groupmod 命令选项列表。

表 2-17　groupmod 命令选项列表

命令选项	含　义	命令选项	含　义
-g	修改新的用户组 ID	-o	允许用户组 ID 不唯一
-n	修改新的用户组名称		

8) su 命令

su 命令用于切换当前用户身份到其他用户身份,当普通用户切换到其他用户时,需要输入所切换用户的密码;当超级用户切换到其他用户时,不需要输入所切换用户的密码。其语法格式为

> su [选项] 用户名

表 2-18 所示为 su 命令选项列表。

表 2-18　su 命令选项列表

命令选项	含　义
-c	执行完指定的指令后,即恢复原来的身份
-l	改变身份时,也同时变更工作目录,以及环境变量

命令选项	含　义
-m、-p	改变身份时,不要变更环境变量
-s	指定要执行的 Shell

例如:

```
[root@localhost ~]#su user1            //root 切换到普通用户,不用输入密码
[user1@localhost root]$
[user1@localhost root]$su root         //普通用户切换到其他用户,要输入密码
密码:
[root@localhost ~]#
```

使用 su 命令切换到其他用户时,环境变量不会改变。若使用 su -命令切换到其他用户时,会将环境变量也改变为被切换用户的,例如:

```
[root@localhost ~]#su - user1          //使用 su -命令切换到其他用户
[user1@localhost ~]
```

9) sudo 命令

使用 su 命令切换用户时需知晓对应用户的登录密码,即若切换成 root 用户身份,需知道 root 用户的登录密码。如果系统中很多用户都知道 root 用户的密码,会给系统带来安全隐患。作为 root 用户,授权给其他普通用户 root 权限,并且不给普通用户透露自己的密码的命令就是 sudo。

sudo 命令允许其他用户以 root 身份来执行命令,在/etc/sudoers 文件中设置了可执行 sudo 命令的用户,普通用户只需知道自己的密码就可以使用 root 身份;若 root 用户使用普通用户的身份,可以不必输入密码。若其未经授权的用户企图使用 sudo,则会发出警告的邮件给管理员。用户使用 sudo 时,必须先输入密码,之后有 5min 的有效期限,超过期限则必须重新输入密码。sudo 命令的语法格式为

```
sudo [选项] 命令
```

表 2-19 所示为 sudo 命令选项列表。

表 2-19　sudo 命令选项列表

命令选项	含　义
-b	在后台执行指令
-H	将 HOME 环境变量设为新身份的 HOME 环境变量
-k	结束密码的有效期限,也就是下次再执行 sudo 命令时便需要输入密码
-l	列出目前用户可执行与无法执行的指令
-p	改变询问密码的提示符
-s	执行指定的 Shell
-u	以指定的用户作为新的身份,默认以 root 作为新的身份
-v	延长密码有效期限 5min

　　sudo 命令的配置文件是/etc/sudoers,默认情况下,Linux 没有将当前用户列入 sudoers 列表中,这时如果用户使用 sudo 来执行某些命令,就会提示该用户不在 sudoers 列表中。sudoers 文件是有一定语法规范的,最好不要使用 VI 编辑器直接对它进行编辑,否则容易出现错误,会影响 sudo 命令的使用或造成其他不良影响。通过使用 visudo 命令编辑配置文件/etc/sudoers,visudo 的好处是在添加规则不太准确时,保存退出时会提示错误信息,用户必须修改正确后才能保存配置文件。

　　sudoers 文件的默认配置中,关于 root 的配置是:

```
root ALL=(ALL) ALL
```

　　对应的格式为

```
用户名 主机名=(可切换用户名) 可执行命令
```

　　这 4 个参数分别表示要设置权限的用户名、该用户从哪台主机登录到当前操作系统、可以切换到的用户身份、切换身份后可执行的命令。

　　这条配置语句中的 ALL 是一个特殊的关键字,代表任何主机、用户和命令,其含义就是规定 root 用户可从任何主机登录到当前操作系统上,可切换为任何用户,执行任何命令。

　　类似地,可以在 sudoers 文件中增加一条语句,例如:

```
user1 ALL=(root) /bin/cat,/bin/mkdir
```

　　这样 user1 用户就可以用 root 身份执行 cat 命令和 mkdir 命令了。

　　逐条添加这样的语句可以提升用户权限,当需要提升权限的用户很多时,逐条添加操作相对麻烦。Linux 操作系统支持按工作组的方式为组用户统一设置权限。

　　在 sudoers 文件,还可以找到这样的语句:

```
#%wheel ALL=(ALL) ALL
```

　　该语句最前面的 # 是注释符,将 # 去掉使语句生效。%wheel 代表在 wheel 工作组的用户(%是标识符),其含义代表 wheel 工作组的用户可从任何主机登录到当前操作系统上,可切换为任何用户,执行任何命令。

　　例如:

```
[user1@localhost ~]$ls -l /etc/shadow
----------. 1 root root 1247 1月  23 18:12 /etc/shadow
[user1@localhost ~]$cat /etc/shadow
cat: /etc/shadow: 权限不够
[user1@localhost ~]$sudo cat /etc/shadow
[sudo] password for user1:
root:$6$NJg0bEKLeyNJf4Ab$7H.NXQlE90hhUiBA2nRUdNY9yDRtjqcx7ZhuIy81pUfXjLs
BlrunRlc7T8BmI5wWx5ZJiak7O5XkwLEjzz4s8/:17517:0:99999:7:::
bin: * :17246:0:99999:7:::
daemon: * :17246:0:99999:7:::
adm: * :17246:0:99999:7:::
```

```
lp: * :17246:0:99999:7:::
sync: * :17246:0:99999:7:::
shutdown: * :17246:0:99999:7:::
halt: * :17246:0:99999:7:::
mail: * :17246:0:99999:7:::
...
```

user1 用户本身没有权限查看/etc/shadow 文件,当将 user1 账号加到 sudoers 文件中,user1 就可以使用 sudo cat 指令查看/etc/shadow 文件的内容,而不必输入 root 的口令。

2.5 网络管理命令

对于 Linux 操作系统而言,网络通信功能是其必备的,通过网络可以将多台计算机连接起来,实现资源共享,相互通信。在 Linux 操作系统中,有着完善的网络管理机制,通过网络管理命令可以很方便地对网络进行配置和管理。下面介绍一些常用的网络通信管理命令。

1. ifconfig 命令

ifconfig 命令被用于配置和显示 Linux 内核中网络接口的网络参数。

```
ifconfig  [参数]
```

(1) 显示网卡配置。执行 ifconfig 命令不带任何参数,显示当前网卡配置。

```
[root@localhost ~]#ifconfig
eth0      Link encap:Ethernet  HWaddr 00:16:3E:00:1E:51
          inet addr:10.160.7.81  Bcast:10.160.15.255  Mask:255.255.240.0
          UP BROADCAST RUNNING MULTICAST  MTU:1500  Metric:1
          RX packets:61430830 errors:0 dropped:0 overruns:0 frame:0
          TX packets:88534 errors:0 dropped:0 overruns:0 carrier:0
          collisions:0 txqueuelen:1000
          RX bytes:3607197869 (3.3 GiB)  TX bytes:6115042 (5.8 MiB)

lo        Link encap:Local Loopback
          inet addr:127.0.0.1  Mask:255.0.0.0
          UP LOOPBACK RUNNING  MTU:16436  Metric:1
          RX packets:56103 errors:0 dropped:0 overruns:0 frame:0
          TX packets:56103 errors:0 dropped:0 overruns:0 carrier:0
          collisions:0 txqueuelen:0
          RX bytes:5079451 (4.8 MiB)  TX bytes:5079451 (4.8 MiB)
```

其中,eth0 为当前系统中第一块活动网卡。
(2) 重新设置网卡的 IP 地址。其语法格式为

```
ifconfig  网卡设备 IP 地址
[root@localhost ~]#ifconfig eth0 192.168.10.10
```

配置 eth0 的 IP 地址为 192.168.10.10。

（3）激活或停止指定的网卡,其语法格式为

```
ifconfig 网卡设备 up|down
[root@localhost ~]#ifconfig eth0 down
```

停用网卡设备 eth0。

```
[root@localhost ~]#ifconfig eth0 up
```

激活网卡设备 eth0。

2. hostname 命令

hostname 命令用于显示或设置主机名。其语法格式为

```
hostname [参数]
[root@localhost ~]#hostname
localhost.localdomain
```

显示当前主机名称为 localhost. localdomain。

```
[root@localhost ~]#hostname linux-1
```

修改当前主机名称为 linux-1。

```
[root@localhost ~]#hostname
linux-1
```

再次显示主机名称为修改过的 linux-1。

3. netstat 命令

netstat 命令用来显示 Linux 中网络系统的状态信息。其语法格式为

```
netstat [选项]
```

表 2-20 所示为 netstat 命令选项列表。

表 2-20　netstat 命令选项列表

命令选项	含　义	命令选项	含　义
-a	显示所有连线中的 socket	-c	持续列出网络状态
-t	显示 TCP 传输协议的连线状况	-r	显示 Routing Table
-u	显示 UDP 传输协议的连线状况	-s	显示网络工作信息统计表

```
[root@localhost ~]#netstat -r
Kernel IP routing table
Destination     Gateway  Genmask        Flags  MSS  Window  irtt  Iface
192.168.122.0   *        255.255.255.0  U      0    0       0     virbr0
```

4. ping 命令

ping 命令用来测试主机之间的网络联通性,通过向被测试的目标主机地址发送 ICMP 报文并接收回应报文,来测试当前主机和目标主机之间的网络连接状态。ping 命令的执行

格式是

```
ping [选项] [参数]
```

表 2-21 所示为 ping 命令选项列表。

表 2-21　ping 命令选项列表

命令选项	含　义	命令选项	含　义
-c	设置完成要求回应的次数	-r	记录路由过程
-s	设置数据包的大小	-v	详细显示指令的执行过程
-i	指定收发信息的间隔时间，单位为 s		

例如：

```
[root@localhost g]#ping 192.168.0.1
PING 192.168.0.1 (192.168.0.1) 56(84) bytes of data.
64 bytes from 192.168.0.1: icmp_seq=1 ttl=64 time=0.190 ms
64 bytes from 192.168.0.1: icmp_seq=2 ttl=64 time=0.196 ms
64 bytes from 192.168.0.1: icmp_seq=3 ttl=64 time=0.273 ms
64 bytes from 192.168.0.1: icmp_seq=4 ttl=64 time=0.189 ms
64 bytes from 192.168.0.1: icmp_seq=5 ttl=64 time=0.259 ms
64 bytes from 192.168.0.1: icmp_seq=6 ttl=64 time=0.236 ms
...
```

5. write 命令

write 命令可以给其他用户发送实时消息，要求该用户必须登录系统。
其使用格式如下：

```
write 用户名
```

例如，root 给用户 tiger 发消息：

```
[root@localhost ~]#write tiger
Hello tiger, I'm root.
^D
```

输入要发送的信息后，按 Ctrl＋D 组合键结束。
此时 tiger 用户的终端就会收到来自 root 的消息：

```
[tiger@localhost ~]$
Message from root@localhost.localdomain on PTS/0 at 19:20...
Hello tiger, I'm root.
EOF
```

6. wall 命令

wall 命令以广播方式给所有用户发送实时消息。其使用格式如下：

```
wall 消息内容
```

如果消息内容较多,可以先将消息保存在文件里,然后以文件的形式发送。

例如:

```
[root@localhost ~]#wall hello every one
```

向所有用户发送问候消息。

7. mesg 命令

mesg 命令设置是否接收来自其他用户的消息,如果用户在做某些重要工作时不希望被接收其他用户的消息,可以用 mesg 命令关闭消息接收功能。其使用格式为

```
mesg [Y|N]
```

mesg 命令不带参数执行,显示用户当前是否接收消息的状态。

```
[root@localhost ~]#mesg
is y
[root@localhost ~]#mesg n          //设置不接收来自其他用户的消息
```

8. talk 命令

使用 talk 命令可以和其他用户聊天,使用该命令时要求聊天的双方同时登录到主机。talk 命令使用格式为

```
talk  用户名
```

例如:

```
[root@localhost ~]#talk  tiger
```

root 用户向 tiger 发出聊天请求,此时在 tiger 的终端上会显示以下信息,root 和 tiger 可以进行实时对话交流。

```
[tiger@localhost ~]$

Message from Talk_Daemon@localhost.localdomain at 12:46 ...
talk: connection requested by root@localhost.
talk: respond with: talk root@localhost
```

2.6 进程管理命令

Linux 操作系统是多任务、多用户的系统,在同一时刻,系统中可以同时运行多个程序,提高了操作系统的工作效率。Linux 操作系统提供了强大的进程管理命令,掌握这些命令,可以使用户更好地对操作系统进行管理。

进程是指程序的运行过程,包括其所占据的系统资源,如 CPU(寄存器)、I/O 资源、内存资源、网络资源等,是操作系统进行资源分配和调度的独立单位。

进程和程序二者容易混淆,它们联系紧密但又有区别。程序是静态的指令集,其载体是存放在硬盘中的文件,是永久存在的;进程是程序动态的执行过程,程序指令被加载到内存中才会产生进程,进程有生命期,是动态产生和消亡的。进程和程序不是一一对应的关系,一个程序被执行后也可以产生一个或多个进程,进程在运行过程中还可以创建新的进程,或执行一个或多个程序,同一个程序也可以被多次执行。

本节介绍常用的进程管理命令。

1. ps命令

ps命令用于查看当前系统的进程状态,用户可以查看系统中有哪些正在运行的进程、进程的状态、进程是否结束、进程所占用系统资源等信息。ps命令的语法格式如下:

```
ps [选项]
```

表2-22所示为ps命令选项列表。

表2-22   ps命令选项列表

命令选项	含 义
-a	显示所有用户进程
-u	以用户为主的格式来显示进程状况
-x	显示所有进程,不以终端机来区分
-e	列出进程时,显示每个进程所使用的环境变量
-r	只列出当前终端机正在执行的进程
-f	显示进程的详细信息
-l	以长格式显示进程列表

ps命令可以实时动态地查看系统的整体运行情况,是一个综合多方信息监测系统性能和运行信息的实用工具。通过ps命令提供的互动式界面,用热键可以管理。

例如:

```
[root@localhost ~]#ps
  PID TTY          TIME CMD
 4418 pts/0     00:00:00 su
 4424 pts/0     00:00:00 bash
 4478 pts/0     00:00:00 ps
[root@localhost ~]#ps -u
USER   PID   %CPU  %MEM  VSZ      RSS TTY    STAT  START  TIME  COMMAND
root   2509  0.0   0.0   4068     532 tty2   Ss+   01:23  0:00  /sbin/mingetty
root   2511  0.0   0.0   4068     536 tty3   Ss+   01:23  0:00  /sbin/mingetty
root   2513  0.0   0.0   4068     532 tty4   Ss+   01:23  0:00  /sbin/mingetty
root   2515  0.0   0.0   4068     536 tty5   Ss+   01:23  0:00  /sbin/mingetty
root   2517  0.0   0.0   4068     536 tty6   Ss+   01:23  0:00  /sbin/mingetty
root   2539  0.0   2.7   178664 27564 tty1   Ss+   01:23  0:22  /usr/bin/Xorg :
root   4418  0.0   0.4   165268  4608 pts/0  S     07:36  0:00  su -
root   4424  0.0   0.1   108364  1784 pts/0  S     07:36  0:00  -bash
root   4515  1.0   0.1   110256  1152 pts/0  R+    07:56  0:00  ps u
[root@localhost ~]#ps -ef
```

```
UID          PID      PPID     C STIME TTY        TIME        CMD
root         1        0        0 02:12 ?          00:00:01    /sbin/init
root         2        0        0 02:12 ?          00:00:00    [kthreadd]
root         3        2        0 02:12 ?          00:00:00    [migration/0]
root         4        2        0 02:12 ?          00:00:00    [ksoftirqd/0]
root         5        2        0 02:12 ?          00:00:00    [stopper/0]
root         6        2        0 02:12 ?          00:00:00    [watchdog/0]
...
```

使用 ps 命令后输出信息的含义以及进程状态含义如表 2-23 和表 2-24 所示。

表 2-23　ps 命令输出信息含义

选　　项	说　　明
UID	进程所有者的用户名
PID	进程号
PPID	父进程的进程号
C	占用的 CPU 时间与总时间的百分比
USER	用户名
VSZ	进程所占用的虚拟内存空间(KB)
RSS	进程所占用的内存空间(KB)
TIME	进程从启动以来占用 CPU 的总时间
TTY	进程从哪个终端启动
STIME	进程开始执行的时间
STAT	进程当前的状态
CMD	进程的命令名
%CPU	占用的 CPU 的时间与总时间的百分比
NI	进程的优先级

表 2-24　ps 命令进程状态含义

符　　号	含　　义	符　　号	含　　义
S	睡眠状态	Z	僵尸状态
W	进程没有驻留页	D	不间断睡眠
R	运行或者准备运行状态	T	停止或追踪
I	空闲	N	低优先级的任务

2. 进程树 pstree 命令

在 Linux 中,每一个进程都是由其父进程创建的。Linux 使用了一棵树的方法表示进程与子进程之间的关系。要查看 Linux 操作系统中的进程树,可以使用命令 pstree。

例如:

```
[root@localhost ~]#pstree
init─┬─ManagementAgent───6 * [{ManagementAgen}]
     ├─NetworkManager─┬─dhclient
     │                └─{NetworkManager}
```

```
        ├──VGAuthService
        ├──abrtd
        ├──acpid
        ├──atd
        ├──auditd───────{auditd}
        ├──bluetoothd
        ├──bonobo-activati───────{bonobo-activat}
        ├──clock-applet
        ├──console-kit-dae───────63*[{console-kit-da}]
        ├──crond
        ├──cupsd
   ...
```

3. 实时显示进程命令 top

top 命令可以实时查看进程占用系统资源的情况,还能够按使用系统资源进行排序,它是目前 UNIX/Linux 等操作系统中最为流行的系统性能分析工具。它提供实时的系统状态信息,显示进程的数据,包括 PID、进程属主、优先级、%CPU、%memory 等。可以使用这些数据指示出资源使用量。

例如:

```
[root@localhost ~]#top
top - 08:16:28  up 6:53,  2 users,  load average: 0.00, 0.00, 0.00
Tasks: 153 total,  2 running, 151 sleeping,  0 stopped,  0 zombie
Cpu(s): 13.3%us,  6.7%sy,  0.0%ni, 80.0%id,  0.0%wa,  0.0%hi,  0.0%si,  0.0%st
Mem:   1004112k total,   923120k used,    80992k free,    48636k buffers
Swap:  2031612k total,        0k used,  2031612k free,   548072k cached

PID   USER   PR  NI  VIRT   RES   SHR   S  %CPU  %MEM  TIME+    COMMAND
2539  root   20   0  176m   27m   7860  R  6.6   2.8   0:26.83  Xorg
2740  gao    20   0  494m   9.9m  7800  S  0.3   1.0   0:01.98  gnome-settings-
4401  gao    20   0  335m   16m   11m   S  6.6   1.7   0:02.86  gnome-terminal
2806  gao    20   0  263m   8608  5616  S  0.3   0.9   0:35.00  vmtoolsd
4582  root   20   0  15036  1276  948   R  6.6   0.1   0:00.33  top
2     root   20   0  0      0     0     S  0.0   0.0   0:00.00  kthreadd
1     root   20   0  19352  1456  1132  S  0.0   0.1   0:01.92  init
4     root   20   0  0      0     0     S  0.0   0.0   0:00.30  ksoftirqd/0
2     root   20   0  0      0     0     S  0.0   0.0   0:00.00  kthreadd
6     root   RT   0  0      0     0     S  0.0   0.0   0:00.06  watchdog/0
...
```

top 命令显示了一个交互式的页面,命令会实时地更新这个页面,显示进程的 PID、用户、CPU 占用率等。top 页面的前半部分显示了当前系统的统计信息,第 1 行显示了 top 启动的时间、期间登录的用户及负载均衡平均值。3 个负载均衡平均值分别显示了过去的 1min、5min 和 10min 内系统的负载均衡平均值。

在 top 视图中,统计信息区前 5 行是系统整体的统计信息。

第 1 行是任务队列信息。08:16:28 表示当前系统时间;up 6:53 表示系统运行时间,格式为时:分;2 users 表示当前登录用户数;load average:0.00,0.00,0.00 表示系统负载,即任务队列的平均长度。

第 2 行表示进程(任务)。total 表示进程总数;running 表示正在运行的进程数;sleeping 表示睡眠的进程数;stopped 表示停止的进程数;zombie 表示僵尸进程数。

第 3 行是 CPU 的状态。13.3％us 表示用户空间占用 CPU 百分比;6.7％sy 表示内核空间占用 CPU 百分比;0.0％ni 表示用户进程空间内改变过优先级的进程占用 CPU 百分比;80.0％id 表示空闲 CPU 百分比;0.0％wa 表示等待输入/输出的 CPU 时间百分比;0.0％hi 表示硬件 CPU 中断占用百分比;0.0％si 表示软件 CPU 中断占用百分比;0.0％st 表示虚拟机占用百分比。

第 4 行是内存状态。total 表示物理内存总量;used 表示使用的物理内存总量;free 表示空闲内存总量;buffers 表示用作内核缓存的内存量。

第 5 行是 Swap 交换分区。total 表示交换区总量;used 表示使用的交换区总量;free 表示空闲交换区总量;cached 表示缓冲的交换区总量,内存中的内容被换出到交换区,而后又被换入内存,但使用过的交换区尚未被覆盖,该数值即为这些内容已存在于内存中的交换区的大小,相应的内存再次被换出时可不必再对交换区写入。

4. 指定进程优先级命令 nice 与 renice

nice 命令改变程序执行的优先权等级。应用程序优先权值的范围为−20~19,数字越小,优先权就越高。一般情况下,普通应用程序的优先权值(CPU 使用权值)都是 0,如果让常用程序拥有较高的优先权等级,自然启动和运行速度都会快些。需要注意的是,普通用户只能在 0~19 调整应用程序的优先权值,只有超级用户有权调整更高的优先权值(−20~19)。

nice 命令语法格式如下:

```
nice[选项][程序或命令]
```

常用的选项如下。

-n:用于指定程序或命令运行的优先级。

(1) 如果不为 nice 命令指定任何选项和参数,命令将显示系统默认优先级,例如:

```
[root@localhost ~]#nice
1
```

(2) 以最低优先级运行脚本 test.exe,例如:

```
[root@localhost ~]#nice -n 19 ./test
```

renice 命令允许用户修改一个正在运行进程的优先权(用户只能改变属于他们自己的进程的优先值)。利用 renice 命令可以在命令执行时调整其优先权。

renice 命令语法格式如下:

```
renice[选项][参数]
```

常用的选项如下。

• -n:改变的优先级;

- -g：指定进程组 ID；
- -p：改变制定 PID 程序的优先权等级；
- -u：指定开启进程的用户名。

（1）利用 renice -n -p 改变指定进程的优先值，例如：

```
[root@localhost ~]#renice -n 1 -p 2740
2740: old priority 0, new priority 1
```

改变 PID 为 2740 的进程的优先级为 1。

（2）renice -u -g 通过指定用户和组来改变进程优先值，例如：

```
[root@localhost ~]#renice -1 -u gao
500: old priority -11, new priority -1
```

改变用户名为 gao 的进程的优先级为－1。

5. 终止进程命令 kill

kill 命令用于发送信号来结束进程。如果一个进程没有响应杀死命令，这也许就需要强制杀死，使用－9 参数来执行。使用强制杀死的时候一定要小心，因为进程没有时机清理现场，也许写入文件没有完成。可以使用 kill all 杀死不知道进程 PID 的进程。

kill 命令语法格式如下：

```
kill -signal PID
```

说明：

- signal 表示要发送给进程的信号。常用的信号名称如下。
  - ◆ HUP：1,终端断线。
  - ◆ INT：2,中断。
  - ◆ QUIT：3,退出。
  - ◆ TEAM：15,终止。
  - ◆ KILL：9,强制终止。
  - ◆ CONT：18,继续。
  - ◆ STOP：19,暂停。
- PID 表示进程 ID 号（可以使用 ps 命令查看进程 ID 号）。

例如，根据进程号终止一个进程：

```
[root@localhost ~]#ps
   PID TTY          TIME CMD
  4866 pts/2     00:00:00 su
  4874 pts/2     00:00:00 bash
  4954 pts/2     00:00:00 ps
[root@localhost ~]#kill -9 4866
[root@localhost ~]#
Session terminated, killing shell... killed.
已终止
```

6. 查看后台任务命令 jobs

jobs 命令用于查看后台运行的进程。jobs 命令执行的结果中,加号(+)表示是一个当前的任务,减号(一)表示是一个当前任务之后的任务。如果后台的任务号有 2 个,当第[1]个后台任务顺利执行完毕,第[2]个后台任务还在执行中时,当前任务便会自动变成后台任务号码[2]的后台任务,即当前任务是动态变化的。当用户输入 fg、bg 和 stop 等命令时,如果不加任何参数,则所变动的均是当前任务。

例如:

```
[root@localhost ~]#sleep 300 &
[1] 5062
[root@localhost ~]#jobs
[1]+  Running              sleep 300 &
[root@localhost ~]#vi &
[2] 5064
[root@localhost ~]#jobs
[1]-  Running              sleep 300 &
[2]+  Stopped              vi
```

在上述例子中首先创建了一个 sleep 进程,持续时间设置为 300s,并且使用 & 命令将其切换到后台运行。jobs 命令输出中[1]代表作业号为 1 的进程,其为当前任务。接着又执行 vi& 命令,将 vi 放在后台工作,用 jobs 命令查看,当前任务变为[2]号任务 vi 了。

使用 jobs 命令时需要注意,该命令显示的后台任务是用户手动执行的(本需要占用前台的命令),不包含系统运行的后台进程。

7. 进程前台与后台控制命令

系统执行的进程,按照执行方式分为前台与后台两种,引入后台工作方式,可以在命令行方式下同时执行多个程序,这样能极大地提高系统的工作效率。

fg 命令用于将后台任务调至前台,而 bg 命令用于将前台命令调至后台。例如,使用 fg 命令将创建的 sleep 进程从后台调至前台。

fg 命令与 bg 命令语法格式如下:

```
fg [job number]/bg [job number]
```

例如,fg 命令:

```
[root@localhost ~]#sleep 300 &
[1] 5076
[root@localhost ~]#fg 1
sleep 300
```

例如,bg 命令:

```
[root@localhost ~]#sleep 500
^Z                          //使用 Ctrl+Z 组合键挂起此进程
[1]+  Stopped              sleep 500
[root@localhost ~]#jobs
[1] +  Stopped              sleep 500
```

```
[root@localhost ~]#bg 1
-bash: bg: job 1 already in background
```

可以按 Ctrl+Z 组合键将当前程序暂时挂起到后台,挂起后的进程将不进行任何操作。

8. 计划任务命令

Linux 操作系统的计划任务是指通过系统设定,使操作系统在未来某时刻自动执行某项任务,主要由 at 命令和 crontab 命令来实现。

1) at 命令

at 命令用于指定在未来某一时间执行一个任务,该任务只能被执行一次。at 命令允许使用一套相当复杂的指定时间的方法。它能够接受在当天的 hh：mm(小时：分钟)式的时间指定。假如该时间已过去,那么就放在第二天执行。当然也能够使用 midnight(深夜)、noon(中午)、teatime(饮茶时间,一般是下午 4 点)等比较模糊的词语来指定时间。用户还能够采用 12h 计时制,即在时间后面加上 AM(上午)或 PM(下午)来说明是上午还是下午。也能够指定命令执行的具体日期,指定格式为 month day(月 日)、mm/dd/yy(月/日/年)或 dd.mm.yy(日.月.年)。指定的日期必须跟在指定时间的后面。

at 命令语法格式如下：

```
at [选项] [时间]
```

常用的选项如下。

- f：指定包含具体指令的任务文件。
- q：指定新任务的队列名称。
- l：显示待执行任务的列表。
- d：删除指定的待执行任务。
- m：任务执行完成后向用户发送 E-mail。

例如：

```
[root@localhost ~]#at noon
at>who >userlist
at><EOT>                    //Ctrl+D,退出 at 命令
job 1 at 2018-01-16 10:50
[root@localhost ~]#at 3am tomorrow
at>./test.sh
at><EOT>                    //Ctrl+D,退出 at 命令
job 2 at 2018-01-16 11:03
[root@localhost ~]#at 5pm+7 days
at>/bin/ls -l
at><EOT>                    //Ctrl+D,退出 at 命令
job 3 at 2018-01-16 11:10
```

计划任务设定后,在没有执行之前可以用 atq 命令来查看系统没有执行的工作任务,例如：

```
[root@localhost ~]#atq
1 2018-01-16 12:00 a root
```

```
2 2018-01-17 03:00 a root
3 2018-01-23 17:00 a root
```

启动计划任务后,如果不想启动设定好的计划任务可以使用 atrm 命令删除,例如:

```
[root@localhost ~]#atrm 1              //删除1号工作任务
[root@localhost ~]#atq
2 2018-01-17 03:00 a root
3 2018-01-23 17:00 a root
```

2) crontab 命令

cron 是一个 Linux 下的定时执行工具,可以使系统周期性地执行某项任务。在 Linux 操作系统中,使用 crontab 命令来设定这些定期任务。cron 的配置文件是/etc/crontab,首先查看一下/etc/crontab 文件的内容:

```
[root@localhost ~]#cat /etc/crontab
SHELL=/bin/bash
PATH=/sbin:/bin:/usr/sbin:/usr/bin
MAILTO=root
HOME=/
#run-parts
01 * * * * root run-parts /etc/cron.hourly
02 4 * * * root run-parts /etc/cron.daily
22 4 * * 0 root run-parts /etc/cron.weekly
42 4 1 * * root run-parts /etc/cron.monthly
```

其中前 4 行是有关设置 cron 任务运行的环境变量。SHELL 变量的值指定系统使用的 SHELL 环境(该样例为 bash shell),PATH 变量定义了执行命令的路径。cron 的输出以电子邮件的形式发给 MAILTO 变量定义的用户名。如果 MAILTO 变量定义为空字符串,电子邮件不会被发送。后 4 行分别给出了每小时、每天、每周、每月运行任务的例子。

cron 作业通过 crontab 命令实现,可以直接使用 crontab -e 命令将作业任务直接保存在用户的作业列表文件/var/spool/cron/username 里;也可以先用 VI 编辑器将作业任务列表保存在某个文件里,然后用"crontab 文件名"执行该列表文件。cron 作业列表文件的格式如图 2-1 所示。

cron作业列表格式					
*	*	*	*	*	**command**
取值范围 0~59	取值范围 0~23	取值范围 1~31	取值范围 1~12	取值范围 0~7	需要执行的命令
分钟	小时	日	月	星期	

图 2-1 cron 作业列表文件格式

每行信息有 6 列,中间用 Tab 键的制表符分割,前 5 位分别表示分钟、小时、日、月、星期,第 6 位表示要执行的作业指令。

前 5 行数值中,星号(＊)可以用来代表所有有效的值。例如,月份值中的星号意味着在满足其他制约条件后每月都执行该命令。

整数间的短线(-)指定一个整数范围。譬如,1-4 意味着整数 1、2、3、4。

用逗号(,)隔开的一系列值指定一个列表。例如,3、4、6、8 表明这 4 个指定的整数。

正斜线(/)可以用来指定间隔频率。在范围后加上/＜integer＞意味着在范围内可以跳过 integer。例如,0-59/2 可以用来在分钟字段定义每 2min。间隔频率值还可以和星号一起使用。例如,＊/2 的值可以用在月份字段中表示每 2 个月运行一次任务。

例如,某系统管理员每天需完成以下的重复工作,请按照下列要求,用 crontab 命令编制完成这些工作:①每天早上 8 时至下午 18 时之间,每 2h 将在线用户列表保存到 userlist 文件中;②周一至周五早 6 时重启 apache 服务;③每天早上 7:30 开启 ssh 服务,晚上 23:30 关闭 ssh 服务;④每天晚上 23:00 删除临时文件;⑤每年 1 月 1 日 8:00 发"新年快乐!"的消息给所有用户。

使用 crontab -e 命令直接进入 VI 的 cron 作业编辑状态,输入以下文本并保存:

```
0       8-18/2    *    *    *    who >userlist
0       6         *    *    1-5  /sbin/ service httpd restart
30      7         *    *    *    /sbin/ service sshd start
30      23        *    *    *    /sbin/ service sshd stop
0       23        *    *    *    rm -rf /temp/*
0       8         1    1    *    wall "Happy new year!"
```

由于 cron 是 Linux 的内置服务,它不会自动运行起来,需要用以下的方法启动、关闭或重新启动这个服务:

```
/sbin/service crond start              //启动服务
/sbin/service crond stop               //关闭服务
/sbin/service crond restart            //重新启动服务
```

2.7 帮 助 命 令

Linux 操作系统的命令非常多,大部分命令在使用时都要带选项,初学者经常记不住某些命令的用法,这时就可以借助 Linux 的帮助文档获取命令的详细使用方法。

Linux 有完善的帮助系统,可以通过多种方法获取帮助信息,常用的如 man 命令、命令自带的"--help"选项等。

1. 使用 man 命令

man(manual 的缩写)命令用来获取 Linux 帮助文档中有关命令的帮助信息,使用语法格式为

```
man [选项] 命令
```

表 2-25 所示为 man 命令选项列表。

表 2-25　man 命令选项列表

命令选项	含　　义	命令选项	含　　义
-a	在所有的 man 帮助手册中搜索	-p	指定内容时使用分页程序
-f	显示给定命令的简短描述信息	-m	指定 man 手册搜索的路径

例如,获取 cp 命令的帮助信息:

```
[root@localhost ~]#man cp
```

执行完该命令后出现如图 2-2 所示的界面,用户可以用上、下箭头键及空格键翻页查看关于 cp 命令的帮助信息,查看完后按 Q 键退出帮助。

图 2-2　man 命令操作界面

2. 使用命令自带的"--help"选项

Linux 下的大部分 GNU 工具都具备这个"--help"选项,可以用来显示工具的信息。

例如:

```
[root@localhost ~]#cp --help
用法:cp [选项]... [-T] 源文件 目标文件
  或:cp [选项]... 源文件... 目录
  或:cp [选项]... -t 目录 源文件...
将源文件复制至目标文件,或将多个源文件复制至目标目录。
长选项必须使用的参数对于短选项时也是必需使用的。
  -a, --archive            等于-dR --preserve=all
     --backup[=CONTROL     为每个已存在的目标文件创建备份
  -b                       类似--backup 但不接收参数
     --copy-contents       在递归处理时复制特殊文件内容
```

```
       -d                          等于--no-dereference --preserve=links
       -f, --force                 如果目标文件无法打开则将其移除并重试(当 -n 选项
                                    存在时则不需再选此项)
       -i, --interactive           覆盖前询问(使前面的 -n 选项失效)
       ...
```

命令的"--help"选项并不是一个"独立"的工具,它只是作为一种命令的选项,可提供快捷、高效的帮助信息。

本 章 小 结

本章主要介绍了 Linux 操作系统的常用命令,包括文件操作、用户与组管理、网络管理、进程管理等命令,以及命令的使用技巧,如命令补全、输入/输出重定向、管道功能等。本章介绍的命令是 Linux 操作系统管理的基础,Linux 操作系统管理员应该熟悉理解这些命令的功能,熟练掌握这些命令的使用方法,就能高效地进行日常系统管理维护。

本 章 习 题

1. 在终端使用命令时,都有哪些高级操作?

2. 如何把两个文件合成一个文件?

3. 如何统计当前在线人数?

4. Linux 用户账号和组账号是如何保存的?

5. 使用 useradd 命令添加一个用户,Linux 文件系统有哪些地方发生了变化?

6. 为什么 Linux 操作系统管理员进行系统管理操作时常用普通用户账号登录,而不用 root 账号登录呢? 如果遇到必须用 root 权限的操作时如何处理?

7. 什么是输入/输出重定向? 请举例说明如何使用输入/输出重定向功能。

8. 什么是管道? 请举例说明如何使用管道功能。

9. Linux 操作系统中,用户之间有哪几种通信方式?

10. 管理员如何查看用户都启动了哪些进程? 如果发现某个用户打开很多进程占用了大量系统资源,如何将他踢出系统?

第3章 Shell编程

Shell 是 UNIX/Linux 操作系统中用户与系统交互的接口。它是一个命令行解释器,为用户提供了一个向 Linux 内核发送请求以便运行程序的界面系统级程序,用户可以使用 Shell 来启动、挂起、停止,甚至是编写一些程序。Shell 有自己的编程语言用于对命令的编辑,易编写,易调试,灵活性较强。

Shell 除了作为命令行解释器以外,还是一种高级程序设计语言,利用 Shell 编程可以把命令进行有机结合,形成功能强大、代码简洁的新命令。熟练掌握 Shell 编程可以极大地提高用户管理使用 UNIX/Linux 操作系统的效率。

本章从 Shell 的基本概述开始,介绍了 Shell 脚本程序设计中的语法结构、变量定义、特殊字符、控制语句等内容,并且给出了简单的实例。

本章主要学习以下内容。

- 了解 Shell 的基本概念、分类和功能等。
- 熟练掌握 Shell 脚本的建立与执行方法。
- 掌握 Shell 变量及特殊字符。
- 熟练掌握常用的 Shell 程序设计逻辑结构语句。

3.1 Shell 概述

Linux 操作系统的 Shell 作为操作系统的外壳,为用户提供使用操作系统的接口。它是命令语言、命令解释程序及程序设计语言的统称。

作为程序设计语言来说,Shell 是一种脚本语言,而脚本语言的优点在于简单易学。相比 C、Java 等高级语言更能给使用者带来很大的方便。

3.1.1 Shell 的分类

Shell 作为 UNIX/Linux 操作系统的标准组成部分,正如 UNIX 版本众多一样,Shell 也产生了多个版本。目前,比较常见的几种 Shell 如下所述。

(1) Bourne Shell:Bourne Shell 是美国 AT&T 公司的 Bell 实验室的史蒂夫·伯恩 (Stephen Bourne)为 AT&T 的 UNIX 开发的,于 1979 年年末在 UNIX 的第 7 版中推出,用作者的名字命名,简称为 sh。Bourne Shell 当时主要用于系统管理任务的自动化。此后,Bourne Shell 更是凭借着其简单、高效的功能广受欢迎,并且很快成为当时流行的 Shell。尽管 Bourne Shell 在 Shell 编程方面相当优秀,但是仍然缺少一些交互的功能,如命令作业控制、历史和别名等。

（2）C Shell：C Shell 是比尔·乔伊（Bill Joy）在加州大学伯克利分校读书期间为 BSD UNIX 开发的，简称为 csh。其语法类似于 C 语言。此外，C Shell 提供了增强交互使用的功能，如作业控制、命令行历史和别名等。

（3）Korn Shell：Korn Shell 是 Bell 实验室的戴维·科恩（David Korn）在 20 世纪 80 年代早期开发的，简称为 ksh。它完全向上兼容 Bourne Shell 并且包含了 C Shell 的很多特性，功能更强大。

（4）Bourne-Again Shell：Bourne-Again Shell 是由 Bourne Shell 发展而来，在 1987 年由布莱恩·福克斯（Brian Fox）为了 GNU 计划编写，简称 bash。它与 sh 稍有不同，包含了 csh 和 ksh 的特色，但是绝大多数的脚本都可以不加修改地在 Bourne-Again Shell 上运行。Bourne-Again Shell 是绝大多数 Linux 发行版的默认 Shell，也是本文介绍的 Shell。

3.1.2　Shell 的功能

Shell 主要有两个功能，一个是命令解释器；另一个是作为一种高级程序设计语言可以编写出代码简洁、功能强大的程序。

Shell 作为命令解释器的具体功能：它接收用户输入的命令，进行分析，创建子进程，由子进程实现命令所规定的功能，等子进程终止后，发出提示符。它的作用类似于 Windows 操作系统中的命令行，但是 Shell 的功能远比命令行强大得多。

Shell 作为一种高级程序设计语言，它几乎有高级语言所需要的所有元素，包括变量、关键字、各种控制语句等，而且还拥有自己的语法结构。Shell 有自己的编程语言，用于对命令的编辑，它允许用户编写由 Shell 命令组成的程序。

Shell 另一个功能是提供个人化的使用者环境，这通常在 Shell 的初始化文件中完成（.profile、.login、.cshrc、.tcshrc 等）。这些文件包括了设定终端机键盘和定义窗口的特征；设定变量，定义搜寻路径、权限、提示符号和终端机类型；以及设定特殊应用程序所需要的变量，例如，窗口、文字处理程序及程序语言的链接库。

3.1.3　Shell 脚本的建立与执行

在 UNIX 或者 Linux 操作系统中，Shell 既是用户交互的界面，也是控制系统的脚本语言。用户可以通过使用 Shell 使大量的任务自动化，以此来提高系统管理的效率。

Shell 脚本（Shell Script）是指使用用户环境 Shell 提供的语句所编写的命令文件。Shell 脚本可以包含任意从键盘输入的 Linux 命令。

1. Shell 脚本的建立

建立 Shell 脚本的方式同建立普通文本文件的方式相同，可以利用 Linux 操作系统下的文本编辑器进行编辑工作。VI 是 Linux 操作系统下常见的文本编辑器，在终端输入命令：

```
[root@localhost ~]#vi mytest
```

进入 VI 编辑器，输入如图 3-1 所示两行程序语句，保存 mytest 文件，就完成了一个 Shell 脚本文件的建立。

图 3-1　VI 编辑窗口

2. Shell 脚本的执行

1）脚本名作为 Shell 参数的执行方法

基本语法格式如下：

```
sh script-name
```

或者

```
bash script-name
```

这种方法是当脚本文件本身没有可执行权限（文件权限执行位为-）时常使用的方法，或者脚本文件开头没有指定解释器时需要使用的方法。

例如，执行一个已经建立的 Shell 脚本 mytest，执行方式如下：

```
[root@localhost ~]#sh mytest
first shell program
2018 年 01 月 24 日 星期三 23:11:04 CST
```

2）修改为可执行权限的执行方法

脚本文件在建立时，其访问权限和普通文本文件一样，没有可执行权限。先用 chmod 语句将脚本文件的可执行权限加上（文件权限执行位为 x），然后在终端直接输入脚本名称的绝对路径或者相对路径就可以。

例如，对已经建立的 Shell 脚本 mytest 加上可执行权限，然后直接执行：

```
[root@localhost ~]#ls -l mytest
-rw-r--r--. 1 root root 31 1 月   24 23:10 mytest
[root@localhost ~]#chmod a+x mytest
[root@localhost ~]#ls -l mytest
-rwxr-xr-x. 1 root root 31 1 月   24 23:10 mytest
[root@localhost ~]#./mytest
first shell program
2018 年 01 月 24 日 星期三 23:11:04 CST
```

3）source 或者".．"命令

基本语法格式如下：

```
source script-name
```

或者

```
. script-name
```

第 1）、2）种执行方法都是在当前 Shell 中新建一个子 Shell，在子 Shell 中执行脚本语句；而 source 或者".．"命令（注意：".．"后面要加空格）的功能是直接在当前 Shell 中读入脚本并执行脚本语句，而不是产生一个子 Shell 来执行文件中的命令。

同样执行一个已经建立的 Shell 脚本 mytest，执行方式如下：

```
[root@localhost ~]#source mytest
first shell program
2018 年 01 月 24 日 星期三 23:11:04 CST
```

3.2　Shell 中的变量

在任何程序设计语言中，变量都是一个不可缺少的元素。从本质上讲，变量就是在程序中保存用户数据的一块内存空间，而变量名就是这块内存空间的地址。Shell 变量的名字可以由数字、字母和下划线组成，并且只能以字母或者下划线开头。

Shell 变量有两种类型，即 Shell 环境变量（Shell Environment Variable）和用户自定义变量（User Define Variable）。

3.2.1　Shell 的环境变量

Shell 的环境变量是所有的 Shell 程序都可以使用的变量。Shell 程序在运行时，都会接收一组变量，这组变量就是环境变量。环境变量会影响到所有脚本的执行结果。表 3-1 列出了常用的 Shell 环境变量。

表 3-1　常用的 Shell 环境变量

环 境 变 量	说　　　　　明
PATH	指定命令的搜索路径，以冒号为分隔符
HOME	指定用户的主工作目录（用户登录到 Linux 操作系统中时，默认的目录）
HISTFILE	命令历史文件
HISTSIZE	保存历史命令记录的条数
LOGNAME	当前的登录名
HOSTNAME	主机的名称

续表

环 境 变 量	说　　明
SHELL	Shell 的全路径名
TERM	用户控制终端的类型
PWD	当前工作目录的全称
PS1	命令基本提示符,对于 root 用户是"♯",对于普通用户是"＄"

环境变量一般都是大写的,系统启动后自动加载,可写的环境变量用户也可以随时进行修改。在脚本中,可以在环境变量名称前加上美元符号"＄"来使用这些环境变量。

Linux 也提供了一些修改和查看环境变量的命令。表 3-2 列出了常用的修改和查看环境变量的命令。

表 3-2　常用的修改和查看环境变量的命令

命　　令	说　　明	命　　令	说　　明
echo	显示某个环境变量值	set	显示本地定义的 Shell 变量
export	设置一个新的环境变量	unset	清除环境变量
env	显示所有环境变量	readonly	设置只读环境变量

【例 3-1】　用 echo 指令显示系统提示符环境变量 PS1 的值。

```
[root@localhost ~]#echo $PS1
[\u@\h \w]\$
```

【例 3-2】　将某个变量设为环境变量,并查看环境变量。

```
[root@localhost ~]#export myname=geng
[root@localhost ~]#env
ORBIT_SOCKETDIR=/tmp/orbit-g
HOSTNAME=localhost.localdomain
GIO_LAUNCHED_DESKTOP_FILE_PID=3482
IMSETTINGS_INTEGRATE_DESKTOP=yes
TERM=xterm
SHELL=/bin/bash
HISTSIZE=1000
...                          新添加的环境变量
myname=geng
...
COLORTERM=gnome-terminal
XAUTHORITY=/var/run/gdm/auth-for-g-eF04zj/database
_=/usr/bin/env
```

执行完 export myname＝geng 语句,环境变量中就多了一个 myname,可以使用 env 指令查看所有的环境变量。

3.2.2 Shell 的系统变量

Shell 的系统变量主要在对参数和命令返回值进行判断时使用,包括脚本和函数的参数,以及脚本和函数的返回值。表 3-3 列出了常用的系统变量。

表 3-3 常用的系统变量

系统变量	说　　明
$0	Shell 程序名
$1-$9	第 1～9 个命令行参数的值
$*	传递给脚本的所有参数,全部参数合为一个字符串
$#	传递给脚本的参数的个数
$$	当前进程的进程 ID
$?	最后执行的一条命令的退出状态,返回值为 0 则成功;非 0 则失败
$!	在后台运行的最后一个进程的进程 ID

当命令行参数的个数大于 9 个时,可以使用 shift 指令将参数左移,获取第 10 个以后的参数。shift 指令将所有参数左移 1 位,$2 的值覆盖 $1,$3 的值覆盖 $2,依次类推,$9 的值被第 10 个参数覆盖。也可以用 shift n 指令将所有参数一次性左移 n 位。

【例 3-3】 命令行参数访问实例。

```
[root@localhost ~]#cat  exam
#!/bin/bash
#exam: shell  script  to  demonstrate  the  shift  command
echo  $0  $1  $2  $3  $4  $5  $6  $7  $8  $9
shift
echo  $0  $1  $2  $3  $4  $5  $6  $7  $8  $9
shift  4
echo  $0  $1  $2  $3  $4  $5  $6  $7  $8  $9
#end
[root@localhost ~]#./exam A B C D E F G H I J K
exam A B C D E F G H I
exam B C D E F G H I J
exam F G H I J K
```

3.2.3 Shell 的用户自定义变量

用户自定义变量在 Shell 脚本中使用,它们拥有临时的存储空间,在程序执行过程中其值可以改变,这些变量可以设置为只读,也可以被传递给定义它们的 Shell 脚本中的命令。

用户自定义的 Shell 变量名是由字母或下划线开头的字母、数字和下划线序列,并且大小写字母意义不同。使用等号将赋值给用户变量(在变量、等号和值之间不能出现空格)。

(1) 字符串赋值。其语法格式如下:

变量名=字符串

在程序中使用变量值时,要在变量名前加上一个字符"＄"。这个符号告诉 Shell,要取出其后变量的值("＝"两边不能有空格)。

【例 3-4】 用 echo 命令显示变量值。

```
[root@localhost ~]#mydir=/home/a
[root@localhost ~]#echo $mydir
/home/a
[root@localhost ~]#echo mydir
mydir
```

可以看出,echo ＄mydir 执行时,将变量 mydir 的值显示出来;而命令 echo mydir 执行时,因为没有符号"＄",所以认为 mydir 不是变量,只是一般的字符串常量。

（2）当赋给变量的值含有空格、制表符或者换行符时,要用双引号把这个字符串引起来。

（3）在一个赋值语句中可以出现多个赋值,变量值可以迭代进行。

例如：A＝＄B　B＝＄C　C＝"Hello World"。

相当于依次执行 A＝＄B,B＝＄C,C＝"Hello World"三条赋值语句。

（4）变量值可以作为某个字符串中的一部分。

【例 3-5】 字符串引用实例。

```
[root@localhost ~]#s=world
[root@localhost ~]#echo Hello$s
Helloworld
```

3.2.4　Shell 中变量的数学运算

Shell 中的变量都是字符串类型的,变量之间如需进行算术运算,必须使用 expr 和 let 命令实现。Shell 中支持常见的加（＋）、减（－）、乘（\＊）、除（/）、取模（％）运算,需要注意的是,乘法运算符是"\＊",即转义符\和＊放在一起表示乘法,这是因为 Shell 中将"＊"默认为通配符使用。

1. expr 命令

expr 命令可以对整数进行算术运算,在算术表达式中如果出现变量,必须在变量前加＄,并且在运算符和变量之间要加空格,例如：

```
[root@localhost ~]#a=2
[root@localhost ~]#expr 8 + $a
10
[root@localhost ~]#expr 6 * $a
expr: 语法错误
[root@localhost ~]#expr 6 \* $a
12
```

若要在 Shell 脚本中获取 expr 命令的计算结果,需要将 expr 命令用倒括号"'"括起来,如下例：

```
[root@localhost ~]#cat exam
#!/bin/bash
a=5
b=`expr 3 + $a`
echo "b=$b"
exit 0
[root@localhost ~]#sh exam
b=8
```

2. let 命令

let 命令可以进行算术运算，将算术表达式跟在 let 命令后面就可以实现数值的运算，其使用格式如下：

```
[root@localhost ~]#b=10
[root@localhost ~]#let c=5+$b
[root@localhost ~]#echo $c
15
```

3.3 Shell 的特殊字符

Shell 中除了使用普通字符外，还使用了一些特殊字符，它们有特定的含义，也有重要的作用。

3.3.1 Shell 的通配符

通配符是一种特殊语句，用来模糊搜索文件。当查找文件夹时，可以使用它来代替一个或多个真正字符；当不知道真正字符或者不想输入完整名字时，常常使用通配符代替一个或多个真正的字符。表 3-4 列出了几种常用的通配符。

表 3-4 常用的通配符

通配符	说　　明
*	匹配任意多个字符串，在搜索文件时使用
?	匹配任意一个字符
[list]	匹配该字符组所限定的任何一个字符
[!list]	匹配除了字符组外所限定的任何一个字符
[c1-c2]	匹配 c1-c2 中的任何一个字符

【例 3-6】 通配符应用举例，列出所有以“.c”结尾的文件。

```
[root@localhost ~]#ls *.c
main.c  mult.c  test1.c  test.c
```

3.3.2　Shell 的元字符

Shell 除了有通配符之外，由 Shell 负责预先解析后，将处理结果传给命令行之外，Shell 还有一系列自己的其他特殊字符，即 Shell 的元字符。表 3-5 列出了常用的 Shell 元字符。

表 3-5　Shell 的元字符

元字符	说　　明
=	变量名＝值，为变量赋值。注意"＝"左右紧跟变量名和值，中间不要有空格
$	取出变量值
>	prog ＞ file 将标准输出重定向到文件
>>	prog ＞＞ file 将标准输出追加到文件
<	prog ＜ file 从文件 file 中获取标准输入
|	管道命令
&	后台运行命令
( )	在子 Shell 中执行命令
{ }	在当前 Shell 中执行命令
;	命令结束符，将多个命令放在一行，命令之间用";"隔开，依次执行
&&	前一个命令执行成功之后，执行下一个命令
!	执行历史记录中的命令
||	前一个命令执行失败之后，执行下一个命令
~	代表用户的"家"目录

【例 3-7】 元字符应用举例，多个命令依次执行。

```
[root@localhost ~]#pwd;date;who
/root
2018 年 03 月 30 日 星期五 12:05:46 CST
root        tty1        2018-03-30 11:47 (:0)
root        pts/0       2018-03-30 11:48 (:0.0)
```

3.3.3　Shell 的转义符

Shell 的转义符可以使通配符或者元字符变成普通字符。在 Shell 中转义符有 3 种：单引号、双引号和反斜杠。表 3-6 列出了 Shell 的转义符。

表 3-6　Shell 的转义符

转义符	说　　明
'（单引号）	硬转义，其内部所有的 Shell 元字符、通配符都会被关掉，都作为普通字符出现
"（双引号）	软转义，其内部只允许出现特定的 Shell 元字符（$、`、\）；$ 用于变量值替换，`（倒引号）用于命令替换，\用于转义单个字符
\（反斜杠）	转义，去除其后紧跟的元字符或通配符的特殊意义

【例 3-8】 转义符应用举例。

```
[root@localhost ~]# cat exam
echo "1. home directory is $HOME"          #双引号以 HOME 的值代替$HOME
echo '2. home directory is $HOME'          #单引号直接输出$HOME
echo "3. current directory is `pwd`"       #倒引号表示命令替换
echo '4. current directory is `pwd`'       #直接输出`pwd`
```

运行结果：

```
[root@localhost ~]#  ./exam
1. home directory is /home/zhang
2. home directory is $HOME
3. current directory is /home/zhang
4. current directory is `pwd`
```

3.4 Shell 中的控制语句

Shell 作为一种程序设计语言，具有自己的一套流程控制结构。程序中的控制语句用于控制程序的流程，以实现程序的各种结构方式。Shell 中的控制语句主要分为两种：一种是条件测试与判断语句；另一种是循环结构的控制语句。

3.4.1 条件测试语句

测试语句是 Shell 的特有功能。Shell 提供了一组测试运算符，通过这些运算符，Shell 程序能够判断某个或者某几个条件是否成立。

在 Shell 中，用户可以使用测试语句来测试指定的条件表达式的条件的真和假。当指定条件为真，条件测试的返回值为 0；反之，条件测试的返回值为非 0 值。条件测试的语法有两种，分别是 test 命令和[]命令。

（1）test 命令语法格式如下：

```
test expression
```

其中，参数 expression 表示需要进行测试的条件表达式，可以由字符串、整数、文件名，以及各种运算符组成。当条件表达式的值为"真"时，整个 test 语句返回 0；否则，若条件表达式的值为"假"时，则返回非 0 值。

（2）[]命令语法格式如下：

```
[ expression ]
```

其中，参数 expression 的语法与 test 命令中的语法完全相同。条件表达式和左右方括号之间都必须有一个空格。

1. 文件测试

文件测试指的是根据给出的路径，判断当前路径下的文件属性及类型。表 3-7 列出了文件测试的各个操作符及说明。

文件测试的语法格式如下：

```
test op file
```

或者

```
[ op file ]
```

表 3-7　文件测试操作符

操作符	说　明
-a file	若文件 file 存在，则条件测试返回结果为 0
-b file	若文件 file 存在，且为块文件，则条件测试返回结果为 0
-c file	若文件 file 存在，且为字符文件，则条件测试返回结果为 0
-d file	若文件 file 存在，且为目录文件，则条件测试返回结果为 0
-e file	若文件 file 存在，则条件测试返回结果为 0
-f file	若文件 file 存在，且为常规文件，则条件测试返回结果为 0
-r file	若文件 file 存在并且可读，则条件测试返回结果为 0
-w file	若文件 file 存在并且可写，则条件测试返回结果为 0
-x file	若文件 file 存在并且可执行，则条件测试返回结果为 0
-p file	若文件 file 存在并且是 FIFO 文件，则条件测试返回结果为 0
-s file	若文件 file 存在并且不是空文件，则条件测试返回结果为 0

【例 3-9】　通过文件测试操作符判断文件的类型。

```
[root@localhost ~]#mkdir file1          //建立目录 file1
[root@localhost ~]#test -e file1        //测试目录 file1 是否存在
[root@localhost ~]#echo $?              //显示最后一条命令退出状态
0                                       //0 为成功
[root@localhost ~]#test -d file1        //测试 file1 是否为目录
[root@localhost ~]#echo $?              //显示最后一条命令退出状态
0                                       //0 为成功
[root@localhost ~]#test -f file1        //测试 file1 是否为普通文件
[root@localhost ~]#echo $?              //显示最后一条命令退出状态
1                                       //非 0 为失败
[root@localhost ~]#test -p file1        //测试 file1 是否为 FIFO 文件
[root@localhost ~]#echo $?              //显示最后一条命令退出状态
1                                       //非 0 为失败
[root@localhost ~]#test -s file1        //测试 file1 是否为空文件
[root@localhost ~]#echo $?              //显示最后一条命令退出状态
0                                       //0 为成功
```

【例 3-10】　通过文件测试判断用户对文件的访问权限。

```
[root@localhost ~]#test -r file1        //测试 file1 是否可读
[root@localhost ~]#echo $?              //显示最后一条命令退出状态
```

```
0                                                //0 为成功
[root@localhost ~]#test -w file1                 //测试 file1 是否可写
[root@localhost ~]#echo $?                        //显示最后一条命令退出状态
0                                                //0 为成功
[root@localhost ~]#test -x file1                 //测试 file1 是否可执行
[root@localhost ~]#echo $?                        //显示最后一条命令退出状态
0                                                //0 为成功
```

2. 字符串测试

通常,对于字符串的操作主要包括判断字符串变量是否为空,以及两个字符串是否相等。表 3-8 列出了有关的字符串测试操作符及说明。

表 3-8　字符串测试操作符

操作符	说　　明
str	判断指定的字符串是否为空
str1 ＝ str2	判断两个字符串 str1 与 str2 是否相等("＝"前后必须有空格),若相等,则测试结果为 0
str1 !＝ str2	判断两个字符串 str1 与 str2 是否不相等,若不相等,则测试结果为 0
-n str	判断字符串 str 是否为非空串,若非空串,则测试结果为 0
-z str	判断字符串 str 是否为空串,若为空串,则测试结果为 0

【例 3-11】　Shell 中比较两个字符串的值。

```
[root@localhost ~]#a="abc"
[root@localhost ~]#test $a
[root@localhost ~]#echo $?
0
[root@localhost ~]#b="def"
[root@localhost ~]#[ "$a" = "$b" ]
[root@localhost ~]#echo $?
1
[root@localhost ~]#[ "$a" != "$b" ]
[root@localhost ~]#echo $?
0
```

3. 数值测试

与字符串类似,数值测试也有两种形式的语法:

```
test number1 op number2
```

或者

```
[ number1 op number2 ]
```

表 3-9 列出了常见的数值测试操作符及说明。

表 3-9　数值测试操作符

操作符	说　　明
n1 -eq n2	比较 n1 是否等于 n2。若相等,则测试结果为 0
n1 -ne n2	比较 n1 是否不等于 n2。若不相等,则测试结果为 0
n1 -lt n2	比较 n1 是否小于 n2。若 n1 小于 n2,则测试结果为 0
n1 -le n2	比较 n1 是否小于或等于 n2。若 n1 小于或等于 n2,则测试结果为 0
n1 -gt n2	比较 n1 是否大于 n2。若 n1 大于 n2,则测试结果为 0
n1 -ge n2	比较 n1 是否大于或等于 n2。若 n1 大于或等于 n2,则测试结果为 0

【例 3-12】　比较两个整数的大小。

```
[root@localhost ~]#test 10 -gt 13
[root@localhost ~]#echo $?
1
[root@localhost ~]#test 10 -lt 13
[root@localhost ~]#echo $?
0
```

4. 逻辑操作符

在 Shell 编程中,会遇到同时判断多个条件的情况。Shell 的逻辑操作符可以将多个不同的条件组合起来,从而构成一个复杂的条件表达式。表 3-10 列出了常见的逻辑操作符及说明。

表 3-10　逻辑操作符

操作符	说　　明
! exp	逻辑非,条件表达式 exp 的值为假,则该操作符的运算结果为真
exp1 -a exp2	逻辑与,条件表达式 exp1 和 exp2 的值都为真时,整个表达式结果为真
exp1 -o exp2	逻辑或,条件表达式 exp1 和 exp2 的值有一个为真时,整个表达式结果就为真
(exp)	圆括号,将表达式分组,优先得到结果。(括号前后有空格并用转义符"\ ("和"\)")

【例 3-13】　相关逻辑操作符测试语句。

```
[root@localhost ~]#[ ! 5 -le 0 ]
[root@localhost ~]#echo $?
0
[root@localhost ~]#[ 5 -gt 3 -a 5 -lt 10 ]
[root@localhost ~]#echo $?
0
[root@localhost ~]#[ 5 -gt 3 -o 5 -lt 5 ]
[root@localhost ~]#echo $?
0
[root@localhost ~]#test \(5 -gt 0 -a 5 -lt 10 \)-a 5 -gt 3
[root@localhost ~]#echo $?
0
```

3.4.2 if 条件语句

1. 简单的 if 语句

简单的 if 语句语法格式如下：

```
if expression
then statement1
fi
```

或者

```
if expression
then statement1
else statement2
fi
```

在 if 语句中，if、then、else 和 fi 为关键词，只有 if 后边的 expression 表达式为真时，执行 then 后边的子句。

【例 3-14】 条件测试文件类型。

```
[root@localhost ~]#cat test1.sh
if test -f file1
then echo "file1 is an ordinary file"
else echo "file1 is not an ordinary file"
fi
[root@localhost ~]sh test1.sh
file1 is not an ordinary file
```

2. 复杂的多路条件分支 if elif 语句

在 Shell 中，除了上述简单的"单路"if 语句和两路分支 if 语句外，还有一些复杂的多路条件分支 if elif 语句。其语法格式如下：

```
if expression1
then statement1
…
elif expression2
then statement2
…
fi
```

在上述语法格式中，expression1 表示整个语句的第一个条件表达式，当该条件表达式的结果为真时，执行第一个 then 后边的子句；否则，进行下边的判断。依次类推。

【例 3-15】 判断数值 n1 与 n2 的大小关系。

```
[root@localhost ~]#cat test2.sh
n1="10"
```

```
n2="20"
if test "$n1" -eq "$n2"
then echo "n1 is equal to n2"
elif test "$n1" -gt "$n2"
then echo "n1 is greater than n2"
elif test "$n1" -lt "$n2"
then echo "n1 is less than n2"
fi
[root@localhost ~]#sh test2.sh
n1 is less than n2
```

3.4.3 select 语句

select 表达式是一种 bash 的扩展应用,尤其擅长交互式使用。用户可以从一组不同的值中进行选择。select 语句的特征主要有:没有 echo 指令,自动用 1、2、3、4 等数字列出菜单;没有 read 指令,自动输入;没有赋值指令,自动输入数字后,赋值字符串给变量。

【例 3-16】 使用 select 语句选择对应的数字,输出对应的结果。

```
[root@localhost ~]#cat test11.sh
select var in "a" "b" "c" "d"
do
    echo "your anwser is: $var"
    break
done
[root@localhost ~]#sh test11.sh
1) a
2) b
3) c
4) d
#?2
your anwser is: b
```

3.4.4 case 语句

在 Shell 中,处理多路条件分支情况的语句,除了上节所说的 if elif 语句外,还有一个专门处理多路分支情况的语句,就是 case 语句。

case 语句用一个变量值匹配着多个模式,当匹配成功时,执行相匹配的命令。case 语句的基本语法格式如下:

```
case value in
pattern1 )
command-list1 ;;
...
patternx )
command-listx ;;
```

```
...
patternn )
command-listn ;;
esac
```

在上述语法中,value 是一个变量,pattern1 至 patternn 都是正则表达式,case 语句会将 value 与 pattern1 至 patternn 的每个值都进行匹配。当与其中某一个 patternx 匹配成功的时候,执行 patternx 后的命令 command-listx,当遇到";;"符号时,就跳出 case 语句,执行整个 case 语句之后的语句;当变量值 value 与 pattern1 至 patternn 的每个值都匹配不成功时,也跳出 case 语句,执行整个 case 语句之后的语句。

使用 case 语句时应注意以下几点。

(1) 变量取值后面必须为关键字 in,每一个模式必须以右括号结束。

(2) 每一个 case 命令子句的最后一条必须以";;"结束。

(3) case 语句以关键词 case 开头,以 esac 关键词结束。

(4) 匹配模式中可使用方括号表示一个连续的范围,如[0-9]。

(5) 当匹配模式由多个模式组成时,各模式之间使用竖杠符号"|"隔开,表示各模式之间的关系是"或"。

【例 3-17】 使用 case 语句选择对应的数字,输出对应的结果。

```
[root@localhost ~]#cat test12.sh
echo 'Input a number between 1 to 4'
echo 'Your number is:'
read aNum
case $aNum in
1)    echo 'You select 1';;
2)    echo 'You select 2';;
3)    echo 'You select 3';;
4)    echo 'You select 4';;
*)    echo 'You do not select a number between 1 to 4';;
esac
[root@localhost ~]#bash test12.sh
Input a number between 1 to 4
Your number is:
5
You do not select a number between 1 to 4
root@localhost ~]#bash test1.sh
Input a number between 1 to 4
Your number is:
3
You select 3
```

【例 3-18】 由用户从键盘输入一个字符,并判断该字符是否为字母、数字或者其他字符,并输出相应的提示信息。

```
[root@localhost ~]#cat test13.sh
read -p "press some key,then press return :" KEY
```

```
case $KEY in
[a-z]|[A-Z])
echo "It's a letter.";;
[0-9])
echo "It's a digit.";;
* )
echo "It's function keys,spacebar or other ksys."
esac
[root@localhost ~]#bash test13.sh
press some key,then press return :
It's function keys,spacebar or other ksys.
[root@localhost ~]#bash test.sh
press some key,then press return :h
It's a letter.
[root@localhost ~]#bash test13.sh
press some key,then press return :3
It's a digit.
```

3.4.5 for 语句

Shell 主要提供了 3 种循环方式：for 语句、while 语句和 until 语句。

Shell 中的 for 循环与在 C 语言中不同，它包含 3 种形式：第一种结构是列表 for 循环；第二种结构是不带列表的 for 循环；第三种结构就类似于 C 语言。

1. 列表 for 循环语句

列表 for 循环将一组语句执行已知的次数，其基本语法格式如下：

```
for var in {list}
do
   Loop body
done
```

在上述语句中，var 是循环变量；list 是一个列表；do 与 done 之间的语句为循环体；list 中元素的个数就是整个 for 循环的循环次数。在循环执行过程中，Shell 会将 list 中的元素依次赋值给变量 var，每次赋值都执行一次循环体，直到 list 中的元素都被访问过以后，循环终止。

【例 3-19】 将指定的国家名称依次输出。

```
[root@localhost ~]#cat test14.sh
for country in {'China','America','England','Japan'}
do
  echo $country
done
[root@localhost ~]#bash test14.sh
China
America
```

```
England
Japan
```

在上述例子中,使用字符串元素作为列表元素,可以省略外边的大括号。除了使用字符串作为列表元素外,还可以使用数字作为列表元素。

在 Shell 中,允许用户指定 for 语句的步长。当用户需要另外指定步长时,其基本语法格式如下:

```
for var in {start..end..step}
do
    Loop body
done
```

在上述语法中,{start..end..step} 中的 start 表示起始的数值;end 表示结束的数值;step 表示步长。

【例 3-20】 计算 100 以内的奇数的和。

```
[root@localhost ~]#cat test15.sh
#定义变量,并且赋初值为 0
sum=0
for i in {1..100..2}
do
    let "sum+=i"
done
echo "the sum is $sum"
[root@localhost ~]#bash test15.sh
the sum is 2500
```

2. 不带列表的 for 循环语句

不带列表的 for 循环一般都是通过命令行来传递参数的。其基本语法格式如下:

```
for var
do
    Loop body
done
```

此时,for var 语句相当于"for var in ＄*"。

【例 3-21】 不带列表的 for 循环语句实例。

```
root@localhost ~]#cat test16.sh
echo "the argument is :"
for argument
do
    echo "$argument"
done
[root@localhost ~]#bash test16.sh  1 2 3
the argument is :
```

```
1
2
3
```

3. 类似于 C 语言的 for 循环语句

类似于 C 语言的 for 循环语句,用法如同 C 语言。其基本语法格式如下:

```
for ((expression1;expression2;expression3))
do
  Loop body
done
```

【例 3-22】 求 1～99 的累加和。

```
[root@localhost ~]#cat test17.sh
sum=0;
for ((i=1;i<100;i++))
do
  let "sum+=i"
done
echo "the sum is $sum"
[root@localhost ~]#bash test17.sh
the sum is 4950
```

3.4.6 while 语句

在 3.4.5 小节中介绍了 Shell 循环语句的 for 循环,本小节将介绍 Shell 中另一种循环语句:while 循环。while 循环也称为前测试循环语句,重复次数是利用条件来控制循环体语句重复执行的次数。为了避免死循环,必须保证循环体中包含循环出口条件,即表达式存在退出状态为非 0 的情况。

while 循环的基本语法格式如下:

```
while expression
do
  Loop body
done
```

在上述语法中,只有当 while 后边的 expression 为真时,才进入循环体,直到测试条件为假,结束循环。

1. 利用计数器控制的 while 循环

【例 3-23】 计算 100 以内的奇数的和。

```
[root@localhost ~]#cat test18.sh
sum=0
i=1
```

```
while(( i <=100 ))
do
      let "sum+=i"
      let "i +=2"
done
echo "sum=$sum"
[root@localhost ~]#bash test18.sh
sum=2500
```

在上述例子中，累加求和计算使用了 let 命令，使用 let 命令可以执行一个或者多个算术表达式，其中的变量名不需要采用 $ 符号。如果表达式中包含了空格或其他特殊字符，则必须引起来。

2. 通过结束标志控制的 while 循环

此类 while 循环就是设置一个特殊的数据值（结束标记）来结束 while 循环。

【例 3-24】 猜字谜游戏。

```
[root@localhost ~]#cat test19.sh
echo "Please input the num(1-10) "
read num
while [ "$num" != 4 ]
do
   if [ "$num" -lt 4 ]
   then
        echo "Too small. Try again!"
        read num
   elif [ "$num" -gt 4 ]
   then
         echo "Too high. Try again!"
         read num
   else
      exit 0
   fi
done
echo "Congratulation, you are right! "
[root@localhost ~]#bash test19.sh
Please input the num(1-10)
3
Too small. Try again!
7
Too high. Try again!
4
Congratulation, you are right!
```

在上述例子中，当用户输入 1～4（不包括 4）的数字时，提示用户输入的数字过小，循环继续；当用户输入 4～10（不包括 4）的数字时，提示用户输入的数字过大，循环继续；当用户输入数字 4 时，提示用户输入正确，并且退出循环。在该程序中变量 num 就是循环结束标记，当 num 的值为 4 时，就退出循环。

3.4.7　break 语句和 continue 语句

在循环过程中,有时需要在未达到循环结束条件时强制跳出循环,像大多数编程语言一样,Shell 也使用 break 和 continue 来跳出循环。其中,break 语句用于跳出整个循环体,之后直接执行 done 之后的命令。continue 语句用于跳出当前循环,重新回到循环语句的开始位置继续执行下一次循环。

1. break 语句

break 语句的基本语法格式如下:

```
break n
```

在上述语法格式中,break 命令后面的整数 n 表示要跳出 n 层循环,默认值为 1。

【例 3-25】　选择数字 1~5,并且输出其对应的结果。

```
[root@localhost ~]#cat test20.sh
while true
do
    echo -n "Input a number between 1 to 5: "
    read aNum
    case $aNum in
        1|2|3|4|5) echo "Your number is $aNum!"
        ;;
        * ) echo "You do not select a number between 1 to 5, game is over!"
            break
        ;;
    esac
done
[root@localhost ~]#bash test20.sh
Input a number between 1 to 5: 1
Your number is 1!
Input a number between 1 to 5: 2
Your number is 2!
Input a number between 1 to 5: 5
Your number is 5!
Input a number between 1 to 5: 6
You do not select a number between 1 to 5, game is over!
```

在上述例子中,脚本进入死循环直到用户输入的数字大于 5。因此要跳出这个循环,返回 Shell 提示符下,就要使用 break 命令。

2. continue 语句

continue 语句的基本语法格式如下:

```
continue n
```

在上述语法格式中,continue 命令后面的整数 n,表示跳出第 n 层循环,默认值为 1。

【例 3-26】 输入一组数,打印除了值为 4 以外的所有数。

```
[root@localhost ~]#cat test21.sh
for i in {2..5}
do
    if test "$i" -eq 4
    then continue
    else echo "$i"
    fi
done
[root@localhost ~]#bash test21.sh
2
3
5
```

本 章 小 结

本章主要讲解了 Shell 的基本概述,主要内容包括 Shell 的基本分类及其主要的功能。详细介绍了 Shell 中的变量、特殊字符和控制语句等。重点在于熟练地掌握 Shell 语句的建立与执行办法,还有 Shell 的语法结构和控制语句等。读者可以结合书中的实例自行编写简单的 Shell 脚本。

本 章 习 题

1. Shell 脚本的执行方式都有哪些?

2. Shell 的主要版本有哪些? 阐述它们的优缺点。

3. Shell 脚本的系统变量、环境变量和用户自定义变量的区别是什么?

4. 分析 break 语句与 continue 语句的区别。

5. Shell 编程,判断一文件是不是块或字符设备文件,如果是则将其复制到/dev 目录下。

6. Shell 编程,通过条件测试判断当前用户是否拥有某个文件的读权限。

7. Shell 编程,利用两层循环打印出乘法表。

8. Shell 编程,接收用户输入数字,如果输入的是非数字,提示"输入非数字,请重新输入!"并结束;如果是纯数字,则返回数字结果。

9. 编写 Shell 程序,接收用户输入的数字,判断该数字是否为闰年年份。

10. 编写 Shell 程序,接收用户输入的数字,判断该数字是否为质数。

11. 编写 Shell 程序,循环接收用户输入的学生成绩(百分制),若成绩小于 60,输出"不及格";若成绩大于等于 60,输出"及格",按 Q(或 q)键退出。

12. 编写 Shell 程序,循环接收某门课程的成绩,计算用户已输入的最高分、最低分、平均分,按 P(或 p)键输出计算结果,按 Q(或 q)键退出。

第4章 Linux常用开发工具

Linux 操作系统是一个开放的平台,支持很多编程语言,如 C/C++、Java、Pascal、Fortran 等。而 Linux/UNIX 操作系统本身就是用 C 语言开发的,在 Linux/UNIX 操作系统上运行的绝大多数程序也是用 C 语言编写的,同时有大量的基于 C 语言的编程工具可以帮助用户快速高效地进行程序开发。一套完整的 Linux 开发工具至少需要包括编辑工具、编译工具和调试工具,本章介绍 Linux 环境下这些常用的开发工具的使用方法。

本章主要学习以下内容。
- 了解 Linux 环境下开发程序的步骤和过程。
- 熟练掌握 VI 编辑器的使用方法。
- 熟练掌握 GCC 编译器的使用方法。
- 熟练掌握 GDB 调试工具的使用方法。

4.1 Linux 编程环境及工具

Linux 操作系统上的程序设计过程要经过编辑源程序、源程序预处理、编译生成目标文件、连接生成可执行程序这几个步骤,如图 4-1 所示。预处理工具将源程序中的"♯include"语句包含的文件复制到源文件中,编译工具将源程序翻译为与 CPU 对应的汇编代码,汇编工具将汇编程序翻译为目标代码,目标代码经过与标准库连接形成最终的可执行程序。完成这个过程需要使用编辑工具编写修改源程序,使用编译工具将源程序转换为目标代码,使用连接工具将目标代码与库模块连接生成可执行程序。

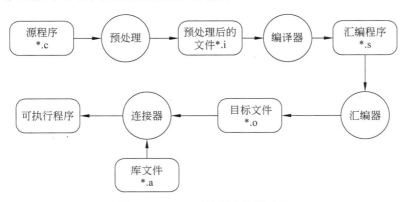

图 4-1 Linux 环境程序编译过程

早期的 Linux 操作系统中,编辑工具、编译工具、连接工具都是相互独立的,进行某项工作都要使用专门的工具软件,如编辑修改程序时使用编辑器,编译程序时使用专门的编译工具。随着计算机技术的发展,Linux 操作系统也出现一些集成开发平台,如 Eclipse、QT Creator 等,它们具有类似于 Visual C++ 的集成开发环境(Integrated Development Environment,IDE),将程序的编辑、编译、调试等工作集成到一个界面上进行,给程序员带来很大方便。集成开发环境模块多,结构复杂,工作在图形界面,占用系统资源较多,工作时要打开多个窗口,系统响应较慢,而且在一些不支持图形界面的 Linux 操作系统(如嵌入式 Linux 操作系统)中不能使用。对有经验的程序员来说,还是习惯使用独立的开发工具,因为独立的开发工具功能单一,基本都使用字符界面,占用系统资源少,单独使用工作效率高。

4.2　VI 编辑器

VI 编辑器是 Linux 操作系统下最常见的文本编辑器,几乎所有的 Linux 操作系统都安装了 VI 编辑器。VI 编辑器工作在字符模式下,有 3 种工作模式:命令模式、输入模式和底行命令模式。

进入 VI 编辑器后,默认的是命令模式,如图 4-2 所示,此时等待用户输入命令,从键盘上输入的任何字符都被当作命令处理。当用户输入 a、i、s、o 或按 Insert 键后进入输入模式,如图 4-3 所示,在输入模式下可以进行文本编辑操作。当文本编辑完毕或用户需要保存

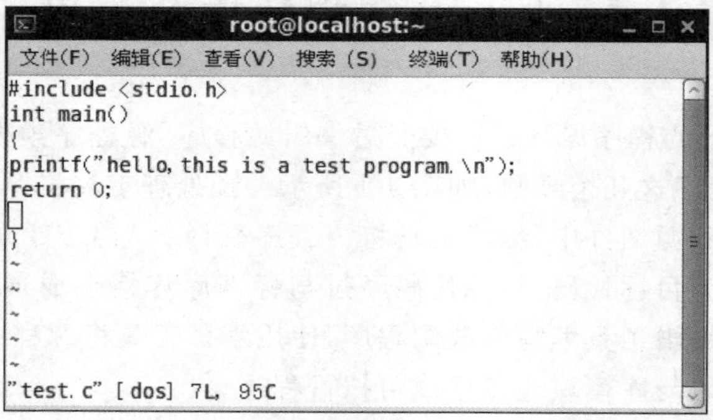

图 4-2　命令模式下的 VI 操作界面

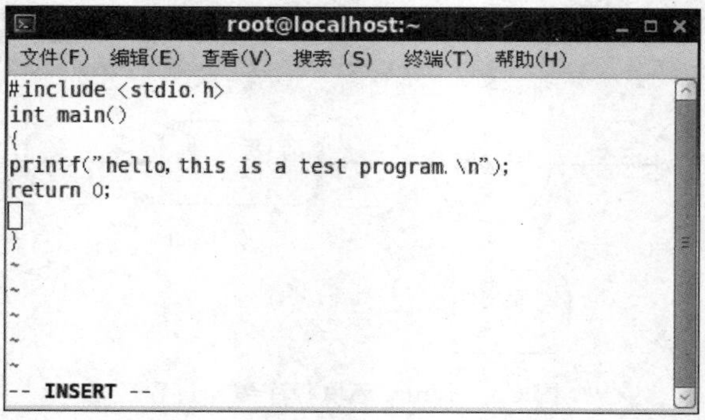

图 4-3　输入模式下的 VI 操作界面

文件时,可以按 Esc 键回到命令模式,在命令模式下输入":"进入底行命令模式,如图 4-4
所示。例如,输入 w 保存文件,输入 wq 保存文件并退出 VI,底行命令执行后,自动回到命
令模式,如果在底行命令模式中不想执行命令,可按 Esc 键直接回到命令模式。VI 编辑器
3 种模式之间的转换操作如图 4-5 所示,这 3 种模式的用户操作界面外观大体相同,区别在
于窗口底行的文字提示状态。

图 4-4　底行命令模式下的 VI 操作界面

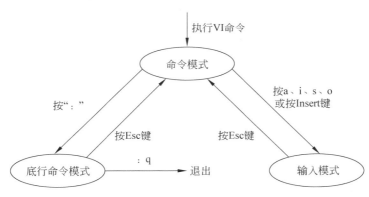

图 4-5　VI 编辑器 3 种工作模式转换

4.2.1　命令模式

在 VI 编辑器 3 种工作模式中,命令模式属于过渡模式,在任何状态下按 Esc 键都可以
回到命令模式。在命令模式下用户通过输入命令的方式,完成字符串检索、文本恢复、修改、
替换、行结合、光标定位等功能,极大地提高了文本编辑器的工作效率。

表 4-1 列出介绍一些常用命令。

表 4-1　VI 编辑器命令模式按键功能

命令选项	含　义
a	进入输入模式,在光标之后输入文本
A	进入输入模式,光标移动到所在行尾
i	进入输入模式,在光标之前输入文本

续表

命令选项	含　义
I	进入输入模式,光标移动到所在行首
o	进入输入模式,在当前行后面插入一空行
O	进入输入模式,在当前行前面插入一空行
s	进入输入模式,删除光标位置的字符
S	进入输入模式,删除光标所在行
x	删除光标所在位置的一个字符
X	删除光标所在位置前面的一个字符
dd	删除光标所在行
数字+dd	删除光标所在行开始的后面几行,行数由 dd 前的数字决定
D	删除从当前光标到光标所在行尾的全部字符
d0	删除从当前光标到光标所在行首的全部字符
J	将光标所在行和下行结合成一行
u	取消最近一次的编辑
? 字符串	向上检索字符串
/字符串	向下检索字符串
n	重复上一个检索命令
yy	复制光标所在行
数字+yy	复制光标所在行开始的后面几行,行数由 yy 前的数字决定
p	将所复制的内容粘贴到光标所在位置

例如,删除5～8行,操作如下:在命令模式下,先将光标移动到第5行,输入4dd,可以看到5～8行的内容被删除。

例如,将1～3行的内容复制到第 10 行,操作如下:在命令模式下,先将光标移动到第1行,输入3yy,再将光标移动到第 10 行,输入 p,就可以看到1～3行的内容被复制到第10行下面。

4.2.2　底行命令模式

进入底行命令模式的方法是在命令模式下输入“:”,紧接着输入底行命令并按 Enter键,执行所输入的命令。表 4-2 列出介绍一些常用命令。

表 4-2　VI 编辑器底行命令模式按键功能

命令选项	含　义
: w	保存编辑后的内容
: q	退出 VI 编辑器
: wq	保存编辑后的内容,并退出 VI 编辑器
: q!	强制退出 VI 编辑器,不保存文件被编辑后的内容
: 数字	光标移动到数字所指定的行

续表

命令选项	含　　义
: set number	屏幕左侧显示行号
: set list	每行结尾显示"＄"
: e filename	在 VI 中创建新的文件,并可为文件命名
: r filename	读入 filename 的内容插入光标处
: ! command	执行 Shell 命令
: r ! command	将执行 Shell 命令的结果插入光标所在行
: 1,4 co .	将 1～4 行内容复制到光标所在行
: 1,4 co 8	将 1～4 行内容复制到第 8 行
: 1,4 m 8	将 1～4 行内容移动到第 8 行
: 2,5 w 文件	将 2～5 行内容写到文件中
: 2,5 w＞＞ 文件	将 2～5 行内容添加到文件末尾

例如,将 1～3 行的内容复制到第 10 行,操作如下:在底行命令模式下,执行:1,3 co 10,就可以看到 1～3 行的内容被复制到第 10 行下面。

例如,将前 10 行的内容写到文件 backup10 中,操作如下:在底行命令模式下,执行:1, 10 w backup10,打开 Shell 终端,查看当前目录,可以看到有新生成的一个文件 backup10, 用 cat 命令查看文件内容,是 VI 正在编辑文件的前 10 行。

4.3　GCC 编译器

在 Linux 环境下开发应用程序时,大多数情况下使用的都是 C 或 C++ 语言,C/C++ 语言都要经过编译、链接才能生成可执行的二进制码程序。目前 Linux 下最常用的 C/C++ 语言编译器是 GCC(GNU Compiler Collection),它是 GNU 项目中符合 ANSI C 标准的编译系统,能够编译用 C、C++ 和 Object C 等语言编写的程序。GCC 功能非常强大,使用灵活, 可以根据需要生产或处理多种类型的文件,如 C/C++ 源文件(.c 或 cpp 扩展名)、汇编程序文件(.s 扩展名)、预处理后的文件(.i 扩展名)、目标文件(.o 扩展名)等。

GCC 的使用方法为

```
gcc [选项] 文件列表
```

通过 GCC 编译器可以完成预处理、编译、优化、链接,生成可执行的二进制代码。

GCC 编译器的选项有很多,程序员在编译程序时只用到很少的一部分选项,常用选项如表 4-3 所示。

表 4-3　GCC 编译器常用选项列表

命令选项	含　　义
-ansi	只支持 ANSI 标准的 C 语法
-c	只生成目标文件(.o 文件),不链接

命令选项	含　义
-E	只进行预处理,不编译
-g	在编译的时候,产生调试信息
-o	指定输出的可执行文件名称
-S	生成汇编文件(.s文件)
-l	链接到指定的库文件
-V	显示所有编译步骤的调试信息
-w	禁止警告,有时会隐藏代码中的错误,不建议这样做
-W	给出额外更详细的警告
-Wall	允许GCC发出能提供的所有有用的警告信息,有利于程序员排错
-O	优化编译代码
-O2	允许比-O更好的优化,编译速度较慢,但生成的程序执行结果快

GCC编译文件的过程包括以下几个步骤。

(1) 预处理(Preprocessing):预处理器CPP(the C Preprocessor)根据预处理指令(如♯include、♯define等)所包含的文件内容插入程序中。

```
[root@localhost ~]#gcc -E test.c -o test.i
```

(2) 编译(Compilation):根据预处理文件,调用汇编程序生成汇编代码(.s文件)。

```
[root@localhost ~]#gcc -S test.i -o test.s
```

(3) 汇编(Assembly):调用汇编程序,生成目标文件(.o文件)。

```
[root@localhost ~]#gcc -c test.s -o test.o
```

(4) 链接(Linking):调用连接器,将程序中用到的函数加到程序中,生成可执行文件。

```
[root@localhost ~]#gcc test.o -o test
```

经过上面几个步骤,生成的文件如下:

```
[root@localhost ~]#ls -l
-rw-rw-r--. 1 root  root       200 1月  14 23:57 test
-rwxrw-rw-. 1 root  root        95 1月  17 11:00 test.c
-rw-rw-r--. 1 root  root     17215 1月  17 11:03 test.i
-rw-rw-r--. 1 root  root       876 1月  17 11:05 test.o
-rw-rw-r--. 1 root  root       363 1月  17 11:03 test.s
```

在实际使用GCC编译程序时,大多数情况下,用户不关注编译的过程,只关注最终结果,即生成的可执行程序。对简单的C语言程序,通常只用一个命令就能完成整个编译。例如:

```
[root@localhost ~]#gcc test.c
```

编译时指定源程序,不用加任何选项,默认会生成一个 a.out 程序。

```
[root@localhost ~]#./a.out
hello,this is a test program.
```

也可以用带-o 参数指定所生成的程序文件名。例如:

```
[root@localhost ~]#gcc test.c -o test
```

此时当前目录下生成了可执行文件 test,其内容和 a.out 文件一样。

4.4 GDB 调试工具

程序员在书写程序时难免出现错误,排查错误的调试工作显得尤为重要。特别是当程序规模增加时,调试工作会越来越困难,需要功能强大的调试器作为工具。在 Linux 环境下,GDB(GNU Debugger)是最常见、功能最强的调试器,它支持的开发语言有 C、C++ 、Java、Fortran、Pascal 等。

GDB 可以控制程序运行,在程序运行的过程中观察程序内部的状态变化,包括观察程序模块的调用情况、内存的使用情况、跟踪变量的变化情况等。

GDB 的主要功能如下。

(1) 运行程序,设置所有能影响程序运行的参数和变量。

(2) 设置断点,控制程序在指定条件下停止运行。

(3) 在程序停止时,可以检查程序的状态。

(4) 动态监视程序中的变量值。

(5) 程序员可单步或连续执行程序。

使用 GDB 调试可执行程序,需要在程序编译时使用带-g 的参数,这样编译得到的可执行程序内才包含调试信息,如可执行程序中变量的类型、对应的地址及源程序的行号等,有了这些信息,GDB 才能在调试程序时跟踪定位被调试程序的内部工作状态。

例如:

```
[root@localhost ~]#gcc -g test.c -o test
```

编译 test.c 时带-g 参数,生成了包含调试信息的可执行文件 test。

GDB 调试 test 文件的命令如下:

```
[root@localhost ~]#gdb test
```

运行上述语句后,出现以下提示信息:

```
[root@localhost ~]#gdb test
GNU gdb (GDB) Red Hat Enterprise Linux (7.2-92.el6)
```

```
Copyright (C) 2010 Free Software Foundation, Inc.
License GPLv3+: GNU GPL version 3 or later <http://gnu.org/licenses/gpl.html>
This is free software: you are free to change and redistribute it.
There is NO WARRANTY, to the extent permitted by law.  Type "show copying"
and "show warranty" for details.
This GDB was configured as "i686-redhat-linux-gnu".
For bug reporting instructions, please see:
<http://www.gnu.org/software/gdb/bugs/>...
Reading symbols from /root/test...done.
(gdb)
```

最后一行的(gdb)就是提示符,等待程序员输入下一步指令,控制程序运行或查看程序的状态。GDB 工作在字符界面,程序员需要通过 GDB 的命令来控制程序,常用的 GDB 命令如表 4-4 所示(括号内为命令的简写)。

表 4-4　常用的 GDB 命令

命令选项	含　义
file	加载被调试的可执行程序文件
run(r)	运行被调试的程序
continue(c)	继续执行被调试程序,直至下一个断点或程序结束
next(n)	执行一行源程序代码,此行若有函数,不进入函数内部
step(s)	执行一行源程序代码,此行若有函数,进入函数内部
break(b)	设置断点
delete(d)	删除设置的断点
list(l)	列出源代码
print(p)	输出变量值
watch(wa)	监视一个变量的值,当变量值发生变化,暂停程序,显示变量值
shell	不退出 GDB 环境,执行 Shell 命令
help(h)	帮助命令
kill(k)	停止正在调试的程序
quit(q)	退出 GDB

GDB 的调试功能非常强大,下面结合一个例子介绍 GDB 的调试过程。

有一个程序 test1.c,功能是计算 10 以内的数之和,程序如下:

```
[root@localhost ~]#cat test1.c
#include <stdio.h>
int main(int argc,char * * argv)
{
    int sum;
    int i;
    for( i=0;i<10;i++)
      sum =sum +i;
    printf("sum=%d\n",sum);
}
```

先对 test1.c 进行带-g 参数的编译：

```
[root@localhost ~]#gcc -g test1.c -o test1
```

编译过程没有出现错误，生成了可执行程序 test1，再对 test1 进行调试，如下：

```
[root@localhost ~]#gdb test1
GNU gdb (GDB) Red Hat Enterprise Linux (7.2-92.el6)
Copyright (C) 2010 Free Software Foundation, Inc.
License GPLv3+: GNU GPL version 3 or later <http://gnu.org/licenses/gpl.html>
This is free software: you are free to change and redistribute it.
There is NO WARRANTY, to the extent permitted by law.  Type "show copying"
and "show warranty" for details.
This GDB was configured as "i686-redhat-linux-gnu".
For bug reporting instructions, please see:
<http://www.gnu.org/software/gdb/bugs/>...
Reading symbols from /root/test1...done.
(gdb)
```

直接用 run 指令运行程序，可以看到结果是"sum＝134513752"，与预期不符。

```
(gdb) run
Starting program: /root/test1
sum=134513752
```

用 list 命令显示程序源码：

```
(gdb) list
1#include <stdio.h>
2int main(int argc,char * * argv)
3{
4    int sum;
5    int i;
6    for( i=0;i<10;i++)
7      sum =sum +i;
8    printf("sum=%d\n",sum);
9}
10
```

用 break 命令在第 6 行设置一个断点，然后用 print 命令观察程序进入循环指令前变量 sum 的值：

```
(gdb) break 6
Breakpoint 1 at 0x80483cd: file test1.c, line 6.
(gdb) print sum
$1 =134513707
(gdb) print i
$2 =12308468
```

通过 print sum 和 print i 指令可以看到，在进入循环前，变量 sum 的值是 134513707，即该变量没有初始化,导致程序运行结果错误。此时可以在 GDB 里用"print sum＝0"指令修改变量 sum 的值为 0,然后用 c 指令继续运行程序,得到正确的运行结果如下:

```
(gdb) print sum=0
$3 = 0
(gdb) c
Continuing.
sum=45
```

GDB 修改的是编译后的二进制程序的内容,用户应该根据 gdb 的调试结果修改源程序,重新编译生成正确的可执行程序。

本 章 小 结

本章主要介绍了 Linux 操作系统下开发 C 语言程序的基本过程,以及常用的开发工具,包括文本编辑工具 VI、程序编译工具 GCC 和调试工具 GDB 的使用方法,熟练掌握编程开发工具的使用是学习后续章节内容的基础,读者应通过练习熟悉这些工具的使用。

本 章 习 题

1. Linux 操作系统环境下常见的开发工具有哪些?

2. Linux 操作系统环境下如何编译、调试 C 语言程序?

3. 用 GDB 调试程序的步骤都有哪些? 写一个计算闰年的 C 语言程序,并用 GDB 调试该程序。

第5章 文件系统与操作

在计算机中，文件系统（File System）是命名文件及放置文件的逻辑存储和恢复的系统。在操作系统中，文件系统就是负责管理和存储文件信息的软件机构，又称为文件管理系统。

在 Linux 中，文件系统是整个操作系统的基础。Linux 文件系统中的文件是数据的集合，文件系统不仅包含着文件中的数据，还有文件系统的结构，所有 Linux 用户和程序看到的文件、目录、软链接及文件保护信息等都存储在其中。因此对于用户来说，掌握 Linux 文件系统的基本知识及操作方法是十分必要的。

本章主要从磁盘的结构入手，介绍了 Linux 磁盘分区和目录结构、文件系统的各个版本、挂载的基本原理以及 Linux 的文件类型和常用的文件操作。

本章主要学习以下内容。

- 了解 Linux 操作系统的磁盘分区与目录结构。
- 了解常用的磁盘操作命令。
- 掌握 Linux 文件系统的挂载操作。
- 熟练掌握常用的文件操作。

5.1 磁盘的结构

在 Linux 操作系统中，磁盘是文件系统的基础，文件系统以磁盘为基础存储文件，文件系统是一个逻辑概念，磁盘是一个物理概念。Linux 和 Windows 操作系统的磁盘管理方式完全不同，Linux 下面的所有目录都挂在根目录下，其文件系统都衍生于同一个根节点，所有的磁盘必须挂载在文件系统相应的目录下面，而不是像 Windows 那样将硬盘分区成 C、D、E 盘。

5.1.1 磁盘的物理结构

1. 磁盘的基本构造

磁盘是计算机硬件的重要组成之一。磁盘主要是由磁盘盘片、传动手臂、磁头与主轴电动机以及传动轴所组成，整个内部结构如图 5-1 所示。一个磁盘可以有一个或多个盘片，每个盘片上下都会有一个磁头用来读/写数据。

在磁盘中有一些基本概念：磁道、柱面、扇区、磁头，如图 5-2 所示。

- 磁道（Track）：磁道是指当磁盘旋转时，磁头若保持在一个位置上，则每个磁头都会在磁盘表面画出一个圆形轨迹，这些圆形轨迹叫作磁道。磁盘上的信息便是沿着这样的轨道存放的。

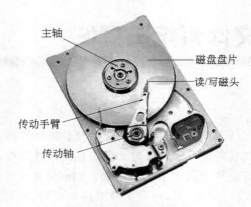

图 5-1　磁盘的基本构造

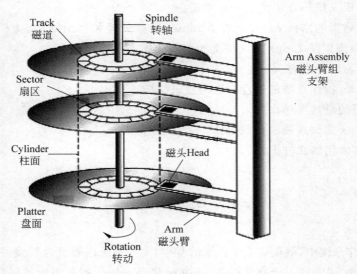

图 5-2　磁盘的基本概念

- 柱面（Cylinder）：磁盘通常由重叠的一组盘片构成，每个盘面都被划分为数目相等的磁道，并从外缘的 0 开始编号，具有相同编号的磁道形成一个圆柱，称为磁盘的柱面。显然，磁盘的柱面数与一个盘面上的磁道数是相等的。
- 扇区（Sector）：磁盘上的每个磁道被等分为若干个弧段，这些弧段便是磁盘的扇区，每个扇区的大小为 512B，磁盘驱动器在向磁盘读取和写入数据时应该以扇区为单位。
- 磁头（Head）：通过磁性原理读取磁性介质上数据的部件，是磁盘中对盘片进行读/写工作的工具，是磁盘中最精密的部位之一。

所以在计算整个硬盘的存储量时，计算公式为硬盘的容量＝柱面数×磁头数×扇区数×512（字节数）。

2. 硬盘分区

硬盘分区包括主分区、扩展分区和逻辑分区。Linux 中规定，每一个硬盘设备最多能有

4个主分区(其中包含扩展分区),任何一个扩展分区都要占用一个主分区号码,也就是在一个硬盘中,主分区和扩展分区一共最多是 4 个,而逻辑分区的数量不限。

在 Linux 中,每一个硬件设备都映射到一个系统的文件,对于硬盘、光驱等 IDE 或 SCSI 设备也不例外。Linux 把各种 IDE 设备分配了一个由 hd 前缀组成的文件;对于各种 SCSI 设备,则分配了一个由 sd 前缀组成的文件。

对于 IDE 硬盘,驱动器标识符为"hdx＊",其中 hd 表明分区所在设备的类型;x 为盘号 (a 是基本盘,b 是基本从属盘,c 是辅助主盘,d 是辅助从属盘);＊代表分区,前 4 个分区用数字 1～4 表示,它们是主分区或扩展分区,从 5 开始就是逻辑分区。例如,第一个 IDE 设备,Linux 就定义为 hda,其中 hda2 就表示为第 1 个 IDE 硬盘上的第 2 个主分区或扩展分区;第 2 个 IDE 设备就定义为 hdb,其中 hdb3 表示为第 2 个 IDE 硬盘上的第 3 个主分区或扩展分区。

对于 SCSI 硬盘,驱动器标识为"sdx＊",SCSI 硬盘是用"sd"来表示分区所在设备的类型的,其余则和 IED 硬盘的表示方法相同。

Linux 规定了主分区(或者扩展分区)占用 1～16 中的前 4 个号码。以第 1 个 IDE 硬盘为例说明,主分区(或者扩展分区)占用了 hda1、hda2、hda3、hda4,而逻辑分区占用了 hda5～ hda16 共 12 个号码。因此,Linux 下面每一个硬盘总共最多有 16 个分区。这其中主分区的作用就是计算机用来进行启动操作系统的,因此每一个操作系统的启动(或称作引导程序)都应该存放在主分区上。而对于逻辑分区,Linux 规定它们必须建立在扩展分区上,而不是主分区上。因此,扩展分区能够提供更加灵活的分区模式,但不能用来作为操作系统的引导。

5.1.2　Linux 文件系统目录

Linux 操作系统目录呈树形结构,文件系统只有一个根目录(通常用"/"表示),在根目录下面包含有下级子目录或文件的信息;子目录中又可含有更下级的子目录或者文件的信息。由于这种结构有点像树枝状,因此我们也把这种目录配置方式称为"目录树(Directory Tree)",如图 5-3 所示。

(1) 根目录(/):根目录位于 Linux 文件系统目录结构的顶层,一般根目录下只存放目录,不要存放文件,/etc、/bin、/dev、/lib、/sbin 应该和根目录放置在一个分区中。

(2) /bin:该目录为命令文件目录,也称为二进制目录。包含了供系统管理员及普通用户使用的重要的 Linux 命令和二进制(可执行)文件,包含 Shell 解释器等,目录/usr/bin 存放大部分的用户命令。

(3) /boot:该目录中存放系统的内核文件和引导装载程序文件,如/boot/vmlinuz 为 Linux 的内核文件。

(4) /dev:设备(Device)文件目录,存放 Linux 操作系统下的设备文件,访问该目录下某个文件,相当于访问某个设备,存放连接到计算机上的设备(终端、磁盘驱动器、光驱及网卡等)的对应文件,包括字符设备和块设备等。

(5) /etc:系统配置文件存放的目录,该目录存放系统的大部分配置文件和子目录,不

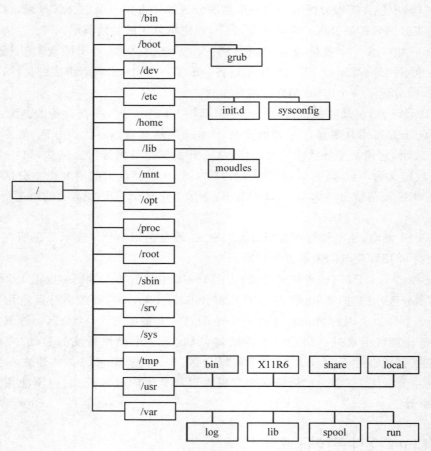

图 5-3　Linux 操作系统目录结构

建议在此目录下存放可执行文件,重要的配置文件有/etc/inittab、/etc/fstab、/etc/init. d、/etc/X11(X Window 操作系统有关)、/etc/sysconfig(与网络有关)、/etc/xinetd. d,修改配置文件之前记得备份。该目录下的文件由系统管理员来使用,普通用户对大部分文件有只读权限。

(6)/home:系统默认的用户宿主目录。

(7)/lib、/usr/lib、/usr/local/lib:系统使用的函数库的目录,程序在执行过程中,需要调用一些额外的参数时需要函数库的协助,该目录下存放了各种编程语言库。典型的 Linux 系统包含了 C、C++ 和 Fortran 语言的库文件。/lib 目录下的库映像文件可以用来启动系统并执行一些命令,目录/lib/modules 包含了可加载的内核模块,/lib 目录存放了所有重要的库文件,其他的库文件则大部分存放在/usr/lib 目录下。

(8)/lost+fount:在 EXT2 或 EXT3 文件系统中,当系统意外崩溃或机器意外关机,产生的一些文件碎片放在这里。在系统启动的过程中 fsck 工具会检查这里,并修复已经损坏的文件系统。

(9)/mnt:mnt 目录主要用来临时挂载文件系统,为某些设备提供默认挂载点,如 floppy、cdrom。这样当挂载了一个设备如光驱时,就可以通过访问目录/mnt/cdrom 下的文件来访问相应的光驱上的文件了。

（10）/opt：给主机额外安装软件所摆放的目录。

（11）/proc：此目录的数据都在内存中，如系统核心、外部设备、网络状态，由于数据都存放于内存中，所以不占用磁盘空间。

（12）/root：系统管理员 root 的宿主目录。

（13）/sbin：放置系统管理员使用的可执行命令，如 fdisk、shutdown、mount 等。/usr/sbin 存放应用软件，/usr/local/sbin 存放用户安装的系统可执行文件。

（14）/srv：服务启动之后需要访问的数据目录，如 www 服务需要访问的网页数据存放在/srv/www 内。

（15）/tmp：存放临时文件目录，一些命令和应用程序会用到这个目录。该目录下的所有文件会被定时删除，以避免临时文件占满整个磁盘。

（16）/usr：应用程序存放目录。/usr/bin：存放应用程序；/usr/share：存放共享数据；/usr/lib：存放函数库文件；/usr/local：用户安装软件的目录；/usr/share/doc：系统说明文件存放目录。

（17）/var：放置系统执行过程中经常变化的文件，如随时更改的日志文件、邮件文件等。/var/log/message：所有的登录文件存放目录；/var/spool/mail：邮件存放的目录；/var/run：程序或服务启动后，其 PID 存放在该目录下。

5.1.3　inode

inode 译为中文就是"索引节点"。每个存储设备或存储设备的分区被格式化为文件系统后有两部分，一部分是 block；另一部分就是 inode。

文件存储在硬盘上，最小存储单位称为"扇区"（Sector），每个扇区能储存 512B。操作系统在读取硬盘的时候，不会一个个扇区地读取，这样效率太低，而是一次性连续读多个扇区，即一次性读取一个"块"（Block）。这种由多个扇区组成的"块"，是文件存取的最小单位。"块"的大小，最常见的是 4KB，即连续 8 个 Sector 组成一个 Block。所以 Block 是用来存储数据用的。inode 就是用来存储这些数据的信息，这些信息包括文件大小、属主、归属的用户组、读/写权限等。inode 为每个文件进行信息索引，所以就有了 inode 的数值。操作系统根据指令，能通过 inode 值最快找到相对应的文件。

inode 包含有文件的元信息，具体有以下内容：文件的字节数、文件拥有者的 User ID、文件的 Group ID、文件的读/写是执行权限、文件的时间戳（ctime 是指 inode 上一次变动的时间；mtime 是指文件内容上一次变动的时间；atime 是指文件上一次打开的时间）、链接数、文件数据 Block 的位置。

可以用 stat 命令，查看某个文件的 inode 信息。

【例 5-1】　用 stat 命令查看文件 test.sh 的 inode 信息。

```
[root@localhost ~]#stat test.sh
  File: 'test.sh'
```

```
   Size: 195          Blocks: 8          IO Block: 4096    regular file
  Device: 802h/2050d    Inode: 398165      Links: 1
  Access: (0755/-rwxr-xr-x)  Uid: (    0/    root)  Gid: (    0/    root)
  Access: 2017-12-20 08:36:31.416803161 -0800
  Modify: 2017-12-20 08:35:51.022804347 -0800
  Change: 2017-12-20 08:36:20.330804697 -0800
```

inode 中包括关于某个文件的索引信息,那么其中必然会存储部分数据,在计算机中会占据一定的空间,所以硬盘格式化的时候,操作系统自动将硬盘分成两个区域。一个是数据区,存放文件数据;另一个是 inode 区(inode table),存放 inode 所包含的信息。

每个 inode 节点的大小,一般是 128B 或 256B。inode 节点的总数,在格式化时就给定,一般是每 1KB 或每 2KB 就设置一个 inode。假定在一块 1GB 的硬盘中,每个 inode 节点的大小为 128B,每 1KB 就设置一个 inode,那么 inode table 的大小就会达到 128MB,占整块硬盘的 12.8%。

【例 5-2】 用 df 命令查看每个硬盘分区的 inode 总数和已经使用的数量。

```
[root@localhost ~]#df -i
Filesystem      Inodes  IUsed   IFree    IUse%Mounted on
/dev/sda2       1164592 100783  1063809  9%/
tmpfs           125514  7       125507   1%/dev/shm
/dev/sda1       76912   38      76874    1%/boot
```

5.2 Linux 文件系统

文件系统是指文件存在的物理空间。在 Linux 操作系统中,每一个分区都是一个文件系统,都有自己的目录层次结构。Linux 最重要的特征之一就是支持多种文件系统,这样使它更加灵活,并可以和许多其他种操作系统共存。

5.2.1 Linux 常用文件系统

Linux 内核支持 10 多种不同类型的文件系统,对于 Red Hat Linux,系统默认使用 ext2 或 ext3 和 Swap 文件系统。下面对 Linux 常用的文件系统作一个简单介绍。

1. ext2 文件系统

ext2 是 1993 年发布的,设计者是 Rey Card。它是为解决 ext 文件系统的缺陷而设计的可扩展的、高性能的文件系统,又称为二级扩展文件系统。它是 Linux 文件系统类型中使用最多的格式,并且在速度和 CPU 利用率上较为突出,是 GNU/Linux 操作系统中标准的文件系统。

标准的 Linux 文件系统 ext2 是使用以 inode 为基础的文件系统。inode 的内容用于记录文件的权限与相关的属性,Block 块记录文件的实际内容。文件系统在一开始就已经将 inode 与 Block 规划好了,如果不对文件系统进行重新格式化,inode 与 Block 固定后就不会再变动。而 ext2 文件系统在格式化的时候基本上被分为多个块组(Block Group)的,每个块组都有独立的 inode/block/superblock 系统。ext2 文件系统示意图如图 5-4 所示。

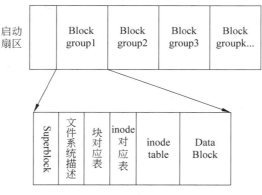

图 5-4 ext2 文件系统示意图

文件系统最前面有个启动扇区（Boot Sector），这个启动扇区可以安装引导装载程序，这样能够将不同的启动管理程序安装到个别的文件系统最前端，而不用覆盖整个硬盘唯一的 MBR。

1）Data Block（数据区块）

Data Block 是用来放置文件内容数据的地方，在 ext2 文件系统中所支持的 Block 大小有 1KB、2KB 及 4KB 3 种。在格式化时 Block 的大小就固定了，且每个 Block 都有编号，用于记录 inode 的记录。但是，由于 Block 大小的差异，会导致该文件系统能够支持的最大磁盘容量与最大单一文件容量并不相同。

2）inode table（inode 表格）

用于存放 inode 表，每个文件对应一个 inode 表，inode 表用于管理文件的元数据（如 uid、gid、ctime、dtime、指向数据块的指针等）。

3）Superblock（超级区块）

Superblock 是记录整个 filesystem 相关信息的地方。它记录的主要信息有 Block 与 inode 的总量；未使用与已使用的 inode/Block 数量；Block 与 inode 的大小；filesystem 的挂载时间、最近一次写入数据的时间、最近一次检验磁盘（Fsck）的时间等文件系统的相关信息；一个 valid bit 数值，若此文件系统已被挂载，则 valid bit 为 0；若未被挂载，则 valid bit 为 1。

4）Filesystem Description（文件系统描述说明）

这个区段可以描述每个 Block group 的开始与结束的 Block 号码，以及说明每个区段（Superblock、bitmap、inodemap、Data Block）分别介于哪一个 Block 号码之间。这部分也能够用 dumpe2fs 来观察的。

5）Block bitmap（块对应表）

块使用情况，关于块的位图，表示的就是块是否被占用，简单的真假关系：1 为占用，0 为空闲。

6）inode bitmap（inode 对应表）

索引节点使用情况，关于索引节点的位图，表示的就是索引节点是否被占用，简单的真假关系：1 为占用，0 为空闲。

2．ext3 文件系统

ext3 是 ext2 的升级版本。ext3 在 ext2 的基础上加入了记录元数据的日志功能，努力保持向前和向后的兼容性，也就是在保有目前 ext2 的格式之下再加上日志功能。和 ext2 相比，ext3 提供了更佳的安全性，这就是数据日志和元数据日志的不同。

ext3 文件系统最大的特色是它会将整个磁盘的写入动作完整记录在磁盘的某个区域上，以便有需要时可以回溯追踪。目前 ext3 文件系统已经非常稳定可靠。它完全兼容 ext2 文件系统，用户可以平滑过渡到一个日志功能健全的文件系统中。

在 ext3 文件系统中，日志有 3 种模式：完全、顺序和写回。

完全是将元数据和数据先写进日志，然后再写进相应的磁盘位置。这种模式需要把数据写进磁盘两次。

顺序是先将数据写进磁盘，再把元数据写进日志，之后再把元数据写进磁盘。

写回是把数据写进磁盘，元数据先写进日志，再写进磁盘，但是数据和元数据的写入没有固定的先后顺序。这种形式可以保证元数据的一致性，但是不能保证数据的一致性。

ext3 文件系统有以下几个特点。

（1）高可用性。系统使用 ext3 文件系统后，即使在非正常关机后，系统也不需要检查文件系统。系统的恢复时间只需数十秒。

（2）数据的完整性。ext3 文件系统能够极大地提高文件系统的完整性，避免了意外宕机对文件系统的破坏。ext3 文件系统提供了两种模式来保证数据的完整性。其中之一就是"同时保持文件系统及数据的一致性"模式。采用这种模式，用户永远不会再看到由于非正常关机而存储在磁盘上的垃圾文件。

（3）文件系统的速度。尽管使用 ext3 文件系统时，有时存储数据时可能要多次写数据。但是，从总体上来看，ext3 比 ext2 的性能还要好一些。

（4）数据转换。由 ext2 文件系统转换成 ext3 文件系统只需简单地输入两条命令即可完成整个转换过程，用户不用花时间备份、恢复、格式化分区等。用一个 ext3 文件系统提供的小工具 tune2fs，可以将 ext2 文件系统轻松转换为 ext3 文件系统。另外，ext3 文件系统可以不经任何更改，而直接加载成为 ext2 文件系统。

3．Swap 文件系统

Swap 文件系统用于 Linux 的交换分区。在 Linux 中，使用整个交换分区来提供虚拟内存，其分区大小一般应是系统物理内存的两倍，在安装 Linux 操作系统时，就应划分交换分区，它是 Linux 正常运行所必需的，其类型必须是 Swap，交换分区由操作系统自行管理。Swap 作为 Linux 中的虚拟内存，在硬盘上开辟空间，当内存不够时可以充当内存使用。

Linux 支持虚拟内存（Virtual Memory），虚拟内存是指使用磁盘当作 RAM 的扩展，这样可用的内存的大小就相应地增大了。内核会将暂时不用的内存块的内容写到硬盘上，这块内存就可用于其他目的。当需要用到原始的内容时，它们被重新读入内存。这些操作对用户来说是完全透明的；Linux 下运行的程序只是可以看到有大量的内存可供使用，而并没有注意到它们的一部分是否驻留在硬盘上。当然，读/写硬盘要比直接使用真实内存慢得多，所以程序不会像一直在内存中运行的那样快。而这其中用作虚拟内存的硬盘部分就被称为交换空间（Swap Space）。

Swap 空间的作用可简单描述为：当系统的物理内存不够用时，需要将物理内存中的一部分空间释放出来，以供当前运行的程序使用。那些被释放的空间可能来自一些很长时间没有操作的程序，被释放的空间就会临时保存到 Swap 空间中，等到那些程序要运行时，再从 Swap 中恢复保存的数据到内存中。因此，系统总是在物理内存不够时，才进行 Swap 交换。

但是，并不是所有从物理内存中交换出来的数据都会被放置到 Swap 当中，有一些数据会被直接交换到文件系统。例如，有的程序会打开一些文件，对文件进行读/写，当需要将这些程序的内存空间交换出去时，就没有必要将文件部分的数据放到 Swap 当中了，而是直接将其放到文件中去。如果是读文件操作，那么内存数据被直接释放，不需要交换出来，当下次需要时，可直接从文件系统恢复；如果是写文件操作，只需将变化的数据保存到文件中，以便恢复。但是那些用 malloc 函数和 new 函数生成的对象的数据则不同，它们需要 Swap 空间，因为它们在文件系统中没有相应的"储备"文件，因此被称作"匿名"（Anonymous）内存数据。这类数据还包括堆栈中的一些状态和变量数据等。

Swap 的调整对 Linux 服务器，特别是 Web 服务器的性能至关重要。通过调整 Swap，有时可以越过系统性能瓶颈，节省系统升级费用。

4. VFAT

VFAT（Virtual File Allocation Table）即虚拟文件分配表，它对 FAT16 文件系统进行扩展，并支持长文件名，文件名可长达 255 个字符。VFAT 仍保留有扩展名，而且支持文件日期和时间属性，为每个文件保留了文件创建日期/时间、文件最近被修改的日期/时间和文件最近被打开的日期/时间这 3 个日期/时间。

VFAT 是 Windows 95/98 等操作系统的重要组成部分，它主要用于处理长文件名。原来的 DOS 操作系统要求文件名不能多于 8 个字符，因此限制了用户的使用，VFAT 打破了这一限制。VFAT 的功能类似于一个驱动程序，它运行于保护模式下，使用 VCACHE 进行缓存。

在 Linux 操作系统中，VFAT 是对 DOS、Windows 操作系统下的 FAT（包括 FAT16 和 FAT32）文件系统的一个统称。Linux 操作系统中可以使用系统中已经存在的 FAT 分区，也可以自行建立新的 FAT 分区。

5. NFS

NFS（Network File System）即网络文件系统，是由 Sun 公司开发并发展起来的一项在不同机器、不同操作系统之间通过网络共享文件的技术。它是连接在网络上计算机之间共享文件的一种方法。在嵌入式 Linux 操作系统的开发调试阶段，可以利用该技术在主机上建立基于 NFS 的根文件系统，挂载到嵌入式设备，可以很方便地修改根文件系统的内容。这种系统类似于 Windows 操作系统上的"网上邻居"，但是 NFS 更适合于字符命令方式完成网络之间的文件共享。

NFS 体系至少有两个主要部分：一台 NFS 服务器和若干台客户机。其中，提供文件进行共享的系统称作主机，共享这些文件的计算机称作客户机，一台客户机可以从服务器上挂载一个文件或者目录。客户机通过 TCP/IP 网络远程访问存放在 NFS 服务器上的数据。

在 NFS 服务器正式启用前,需要根据实际环境和需求,配置一些 NFS 参数。

NFS 有以下几个特点。

(1)节省本地存储空间,将常用的数据存放在一台 NFS 服务器上且可以通过网络访问,那么本地终端将可以减少自身存储空间的使用。

(2)用户不需要在网络中的每个机器上都建有 Home 目录,Home 目录可以放在 NFS 服务器上且可以在网络上被访问使用。

(3)扩充新的资源或者环境时不需要改变现有的工作环境。

(4)一些存储设备如软驱、CDROM 和 Zip(一种高储存密度的磁盘驱动器与磁盘)等都可以在网络上被别的机器使用,这可以减少整个网络上可移动介质设备的数量。

6. XFS

XFS 是美国硅图公司开发的一种非常优秀的日志文件系统,已移植到 Linux 内核,在 Linux 中较常用,适合处理大型文件和数据的平稳传输。

XFS 最初是由硅图公司于 20 世纪 90 年代初开发的。那时,硅图公司发现他们的现有文件系统(Existing File System,EFS)正在迅速变得不适应当时激烈的计算竞争。为解决这个问题,SGI 决定设计一种全新的高性能 64 位文件系统,而不是试图调整 EFS 在先天设计上的某些缺陷。因此,XFS 诞生了,并于 1994 年随 IRIX 5.3 的发布而应用于计算。

XFS 有以下几个特点。

1)数据完全性

采用 XFS 文件系统,当意想不到的宕机发生后,由于文件系统开启了日志功能,所以用户磁盘上的文件不再会因为意外宕机而遭到破坏了。不论目前文件系统上存储的文件与数据有多少,文件系统都可以根据所记录的日志在很短的时间内迅速恢复磁盘文件内容。

2)传输特性

XFS 文件系统采用优化算法,日志记录对整体文件操作影响非常小。XFS 查询与分配存储空间非常快。XFS 文件系统能连续提供快速的反应时间。通过对 XFS、JFS、ext3、ReiserFS 文件系统进行测试,结果表明 XFS 文件系统的性能表现相当出众。

3)可扩展性

XFS 是一个全 64b(位)的文件系统,它可以支持上百万 TB 的存储空间。对特大文件及小尺寸文件的支持都表现出众,支持特大数量的目录。最大可支持的文件大小为 $2^{63}=9\times10^{18}=9$Exabytes,最大文件系统尺寸为 18 Exabytes。

XFS 使用高的表结构(B+树),保证了文件系统可以快速搜索与快速空间分配。XFS 能够持续提供高速操作,文件系统的性能不受目录中目录及文件数量的限制。

4)传输宽带

XFS 能以接近裸设备 I/O 的性能存储数据。在单个文件系统的测试中,其吞吐量最高可达 7GBps,对单个文件的读/写操作,其吞吐量可达 4GBps。

7. ISO 9660

ISO 9660 文件系统是一个标准的 CD-ROM 文件系统,它允许用户在一些主要的计算机平台上读取 CD-ROM 文件。Linux 对该文件系统也有很好的支持,不仅能读取光盘和光盘 ISO 映像文件,而且还支持在 Linux 环境中刻录光盘。

ISO 9660 文件目录名称符合 8.3 原则,目录深度不能超过 8 层。ISO 9660 目前有 Level1 和 Level2 两个标准。Level1 与 DOS 兼容,文件名采用传统的 8.3 格式,而且所有字符只能是 26 个大写英文字母、10 个阿拉伯数字及下划线。Level2 则在 Level 的基础上加以改进,允许使用长文件名,但不支持 DOS。

ISO 9660 标准内有 3 层透通性(Interchange),只有第 1 层支持大多数的操作系统,第 1 层要求每个档案的资料必须是连续不中断的方式存放于 CD 上,每个档案内容不可分开存放或与其他档案交错,档案名必须符合英文 A~Z,数字 0~9 和底线"_"所组成的字集,而且格式必须依照 DOS 的规定,8 个字元的主档案名与 3 个字元的副档案名。第 2 层则是可以采用任何的字元作为档案名,包括使用超过 8+3 个字的长档案名,但是档案的内容也不可中断、交错或是分开存放。在第 3 层则是不受任何的限制。在所有的 3 层规定中,ISO 9660 档案系统规定均不可使用超过 8 层的目录结构。

8. proc

Linux 操作系统上的/proc 目录是一种文件系统,即 proc 文件系统。与其他常见的文件系统不同的是,/proc 是一种伪文件系统(虚拟文件系统),存储的是当前内核运行状态的一系列特殊文件,用户可以通过这些文件查看有关系统硬件及当前正在运行进程的信息,甚至可以通过更改其中某些文件来改变内核的运行状态。

proc 文件系统是一种无存储的文件系统,当读其中的文件时,其内容动态生成;当写文件时,文件所关联的写函数被调用。每个 proc 文件都关联特定的读/写函数,因而它提供了另一种和内核通信的机制:内核部件可以通过该文件系统向用户空间提供接口来查询信息、修改软件行为,因而它是一种比较重要的特殊文件系统。

由于 proc 文件系统以文件的形式向用户提供了访问接口,这些接口可以用于在运行时获取相关部件的信息或者修改部件的行为,因而它是一个非常方便的接口。内核中大量使用了该文件系统。proc 文件系统就是一个文件系统,它可以挂载在目录树的任意位置,不过通常挂载在/proc 下,它大致包含了以下信息:内存管理、每个进程的相关信息、文件系统、设备驱动程序、系统总线、电源管理、终端、系统控制参数和网络。这些信息几乎涵盖了内核的所有部分。

9. 虚拟文件系统

虚拟文件系统(Virtual File System,VFS)是由 Sun Microsystems 公司在定义网络文件系统(NFS)时创造的。它是一种用于网络环境的分布式文件系统,是允许和操作系统使用不同的文件系统实现的接口。虚拟文件系统是物理文件系统与服务之间的一个接口层,它对 Linux 的每个文件系统的所有细节进行抽象,使不同的文件系统在 Linux 核心以及系统中运行的其他进程看来,都是相同的。严格来说,VFS 并不是一种实际的文件系统。它只存在于内存中,不存在于任何外存空间。虚拟文件系统本身是 Linux 内核的一部分,是纯软件,并不需要任何硬件的支持。VFS 在系统启动时建立,在系统关闭时消亡。

虚拟文件中有 4 个主要对象:超级块、索引节点、目录项和文件对象。

1）超级块

超级块（Super Block）主要存储文件系统相关的信息。它一般存储在磁盘的特定扇区中，但是对于那些基于内存的文件系统（如 proc、sysfs），超级块是在使用时创建在内存中的。

2）索引节点

索引节点（Inode）是 VFS 中的核心概念，它包含内核在操作文件或目录时需要的全部信息。一个索引节点代表文件系统中的一个文件（这里的文件不仅是指我们平时所认为的普通的文件，还包括目录、特殊设备文件等）。索引节点和超级块一样是实际存储在磁盘上的，当被应用程序访问到时才会在内存中创建。

3）目录项

目录项（File）和超级块、索引节点不同，目录项并不是实际存在于磁盘上的。在使用的时候在内存中创建目录项对象，其实通过索引节点已经可以定位到指定的文件，但是索引节点对象的属性非常多，在查找、比较文件时，直接用索引节点效率不高，所以引入了目录项的概念。

每个目录项对象都有 3 种状态：被使用、未使用和负状态。

- 被使用：对应一个有效的索引节点，并且该对象有一个或多个使用者。
- 未使用：对应一个有效的索引节点，但是 VFS 当前并没有使用这个目录项。
- 负状态：没有对应的有效索引节点（可能索引节点被删除或者路径不存在了）。

4）文件对象

文件对象（Dentry）表示进程已打开的文件，从用户角度来看，我们在代码中操作的就是一个文件对象，文件对象反过来指向一个目录项对象（目录项反过来指向一个索引节点）。

5.2.2 对文件系统的操作

1. fdisk 磁盘分区

Linux fdisk 是一个创建和维护分区表的程序，它兼容 DOS 类型的分区表、BSD 或者 SUN 类型的磁盘列表。fdisk 为磁盘分区命令，用来进行创建分区、删除分区、查看分区信息等基本操作。fdisk 命令的基本语法格式如下：

```
fdisk [选项][参数]
```

【例 5-3】 fdisk -l 命令查看硬盘及分区信息。

```
[root@localhost ~]#fdisk -l
Disk /dev/sda: 21.5 GB, 21474836480 bytes
255 heads, 63 sectors/track, 2610 cylinders
Units =cylinders of 16065 * 512 =8225280 bytes
Sector size (logical/physical): 512 bytes / 512 bytes
I/O size (minimum/optimal): 512 bytes / 512 bytes
Disk identifier: 0x00057060

  Device Boot    Start       End     Blocks   Id  System
```

```
/dev/sda1    *        1        39      307200   83  Linux
Partition 1 does not end on cylinder boundary.
/dev/sda2            39      2358    18631680   83  Linux
/dev/sda3          2358      2611     2031616   82  Linux swap / Solaris
```

通过上述的信息,我们知道此机器中挂载一硬盘(或移动硬盘)sda。如果想查看单个硬盘情况,可以通过 fdisk -l /dev/sda1 来操作。

当输入 fdisk /dev/sda1,可进入分割硬盘模式。

(1) 输入 m 显示所有命令列表。

(2) 输入 p 显示硬盘分割情形。

(3) 输入 a 设定硬盘启动区。

(4) 输入 n 设定新的硬盘分割区。

(5) 输入 t 改变硬盘分割区属性。

(6) 输入 d 删除硬盘分割区属性。

(7) 输入 q 结束不存入硬盘分割区属性。

(8) 输入 w 结束并写入硬盘分割区属性。

【例 5-4】 fdisk device 命令。

```
[root@localhost ~]#fdisk /dev/sda
Command (m for help): m
Command action
   a   toggle a bootable flag
   b   edit bsd disklabel
   c   toggle the dos compatibility flag
   d   delete a partition              //删除一个分区的动作
   l   list known partition types      //l是列出分区类型,以供我们设置相应分区
   m   print this menu                 //列出帮助信息
   n   add a new partition             //添加一个分区
   o   create a new empty DOS partition table
   p   print the partition table       //列出分区表
   q   quit without saving changes     //不保存退出
   s   create a new empty Sun disklabel
   t   change a partition's system id  //改变分区类型
   u   change display/entry units
   v   verify the partition table
   w   write table to disk and exit    //把分区表写入硬盘并退出
   x   extra functionality (experts only) //扩展应用,专家功能
```

上述选项中,常用的有 d(删除分区)、l(列分区类型)、m(帮助)、p(列分区表)、q(退出)、t(改变分区类型)、w(写入分区表)等功能。

2. mkfs 格式化命令

当磁盘分区完成后就要进行文件系统的格式化。格式化就是使用 mkfs 命令。mkfs 本身并不执行建立文件系统的工作,而是去调用相关的程序来执行。mkfs 命令的基本语法格式如下:

```
mkfs[选项][参数]
```

- 选项：fs,指定建立文件系统时的参数;-t＜文件系统类型＞,指定要建立何种文件系统;-v,显示版本信息与详细的使用方法;-V,显示简要的使用方法;-c,在制作档案系统前,检查该 partition 是否有坏轨。
- 参数：文件系统,指定要创建的文件系统对应的设备文件名;块数,指定文件系统的磁盘块数。

例如,将 sda1 分区格式化为 ext3 格式,语法格式如下：

```
[root@localhost ~]#mkfs -t ext3 /dev/sda1
```

【例 5-5】 在/dev/sda1 上建一个 msdos 的文件系统,同时检查是否有坏轨存在。

```
[root@localhost ~]#mkfs -V -t msdos -c /dev/sda1
mkfs (util-linux-ng 2.17.2)
mkfs.msdos -c /dev/sda1
mkfs.msdos 3.0.9 (31 Jan 2010)
mkfs.msdos: /dev/sda1 contains a mounted file system.
```

3. mount 挂载命令

在 Linux 操作系统中,需要将某些设备(通常是存储设备)或者是已经建立好的文件系统安装到 Linux 目录树的某个位置上,这个过程叫作挂载,文件系统所挂载的目录就是挂载点。我们要访问存储设备中的文件,必须将文件所在的分区挂载到一个已存在的目录上,然后通过访问这个目录来访问存储设备。

通过 mount 命令挂载文件系统,命令使用基本语法格式如下：

```
mount [-t vfstype] [-o options] device dir
```

其中,-t vfstype 指定文件系统的类型;device 是要挂载的设备;dir 指定设备在系统上的挂载点(Mount Point)。options 主要用来描述设备或档案的挂接方式,常用选项有 loop,用来把一个文件当成硬盘分区挂接上系统;ro 采用只读方式挂接设备;rw 采用读/写方式挂接设备;remount 重新挂载已经挂载的文件系统。

例如,在 Linux 操作系统中挂载 U 盘。在 U 盘插入前后,都应该使用 fdisk -l 或 more /proc/partitions 查看系统的硬盘和硬盘分区情况,命令如下：

```
[root@localhost /]#fdisk -l
...
Device Boot      Start        End       Blocks   Id  System
/dev/sdd1            1        1936     1951456+   b   W95 FAT32
```

在系统多了一个 SCSI 硬盘/dev/sdd 和一个磁盘分区/dev/sdd1,/dev/sdd1 是我们要挂载的 U 盘。在/mnt 下建立一个 usb 目录用来作挂载点(Mount Point),命令如下：

```
[root@localhost /]#mkdir -p /mnt/usb
[root@localhost /]#mount -t vfat /dev/sdd1 /mnt/usb
```

之后可以通过/mnt/usb 来访问 U 盘了,若汉字文件名显示为乱码或不显示,可以使用下面的命令:

```
[root@localhost /]#mount -t vfat -o iocharset=cp936 /dev/sdd1 /mnt/usb
```

如果希望系统启动时自动挂载文件系统,将分区信息写到/etc/fstab 文件中即可实现系统启动的自动挂载,例如,对于/dev/sda5 的自动挂载命令如下:

```
/dev/hda5              /mnt/sda5              vfat         iocharset=cp936, rw 0 0
```

当文件系统使用完毕,需要对其进行卸载操作。卸载命令是 umount,其命令语法格式为

```
umount [device][dir]
```

例如,要卸载已经挂载到/mnt/sda5 上的文件系统,可以使用以下命令:

```
[root@localhost /]#umount /dev/sda5
```

或

```
[root@localhost /]#umount /mnt/sda5
```

当在卸载的文件系统显示 device busy 时,是因为有程序正在访问这个设备,最简单的办法就是让访问该设备的程序退出以后再使用 umount 命令执行卸载。

5.3　Linux 文件类型和权限

Linux 文件系统中的文件是数据的集合,是操作系统用来存储信息的基本结构。文件是存储在某种介质(软盘、硬盘、光盘等)上的一组信息的集合,通过文件名来标志。Linux 操作系统中,常见的 Linux 文件类型有普通文件、目录文件、字符设备文件、块设备文件以及链接文件等。

5.3.1　文件类型

Linux 文件类型和 Linux 文件的文件名所代表的是两个不同的概念。我们通过一般应用程序而创建的如 file. txt、file. tar. gz 等文件,这些文件虽然要用不同的程序来打开,但放在 Linux 文件类型中衡量的话,大多是常规文件(也被称为普通文件)。

1. 普通文件

普通文件也称为常规文件,是用来保存信息的载体。通常情况下,普通文件没有特殊格式,在文件系统中不加任何内部修饰,可以把它们看作纯粹的字节流。用户可以使用 ls -lh 命令来查看某个文件的属性,可以看到有类似-rwxrwxrwx 的文件,第一个符号是-,这样的

文件在 Linux 中就是普通文件。这些文件一般是用一些相关的应用程序创建,比如,图像工具、文档工具、归档工具或编译工具等。可使用 cp、rm、mv 等通用文件操作命令来处理这些文件。依照文件的内容,可以大致分为以下 3 种普通文件。

(1) 文本文件。这是 Linux 操作系统中最多的一种文件类型,由 ASCII 字符构成。如信件、报告等。

(2) 二进制文件。由机器指令和数据构成。如操作系统的某些命令和用户的可执行文件。

(3) 数据文件。应用程序在运作的过程当中会读取某些特定格式的文件,那些特定格式的文件可以被称为数据文件(Data File)。主要由来自应用程序的数字型和文本型数据构成,如数据库、电子表格等。

在 Linux 操作系统中可以使用 file 命令来确定指定文件的类型,该命令可以将一个或多个文件名当作参数。其基本语法格式如下:

```
file filename [filename...]
```

【例 5-6】 查看当前目录下以 test 开头的所有文件类型。

```
[root@localhost ~]#  file test *
test: ELF 32 - bit LSB executable, Intel 80386, version 1 (SYSV), dynamically
linked (uses shared libs), for GNU/Linux 2.6.18, not stripped
test.c: ASCII C program text, with CRLF line terminators
test.i: UTF-8 Unicode C program text
test.o: ELF 32-bit LSB relocatable, Intel 80386, version 1 (SYSV), not stripped
test.s: ASCII assembler program text
```

2. 目录文件

目录也称为文件夹。当在某个目录下执行命令时,看到有类似 drwxr-xr-x 的文件,第一个字符是 d,这样的文件就是目录,目录文件在 Linux 是一个比较特殊的文件,利用它可以构成文件系统的分层树形结构。创建目录的命令可以用 mkdir 命令,或用 cp 命令把一个目录复制为另一个目录,删除目录用 rmdir 命令。

3. 链接文件

链接是指一种在共享文件和访问它的用户的若干目录项之间建立联系的方法。当用户查看文件属性时,会看到有类似 lrwxrwxrwx 的文件,第一个字符是 l,这类文件是链接文件。在 Linux 操作系统中,被链接的文件可以存放在相同或者不同的目录上。文件的链接就是为一个文件起一个或者多个名字,有硬链接和软链接两种形式。

文件的硬链接不能从最初的目录项上进行区分,它是通过文件系统的 inode 节点链接产生新文件名,而不是产生新文件。

软链接也叫符号链接,包含要链接到的文件的名字。符号链接是一种特殊的文件,它的内容是指向另一个文件的路径。当对符号链接进行操作时,系统根据情况会将这个操作转移到它所指向的文件上去,而不是对它本身进行操作。软链接可以跨越不同的文件系统,并且可以创建目录间的文件。

可以采用 ln 命令实现文件链接,其基本语法格式如下:

```
ln [选项] 源文件 [目标文件]
```

1）硬链接

默认不带选项参数情况下，使用 ln 命令来创建硬链接。建立硬链接就是在另外的目录或者是本目录中增加目标文件的一个目录项。

【例 5-7】 创建硬链接。

```
[root@localhost /]#ls
bin  dev home lib64     media opt  root selinux sys  tmp var
boot etc lib  lost+found mnt   proc sbin srv     test usr
[root@localhost /]#ln test test.hard
[root@localhost /]#ls                              新创建的链接文件
bin  dev home lib64     media opt  root selinux sys  test.hard usr
boot etc lib  lost+found mnt   proc sbin srv     test tmp       var
[root@localhost /]#ls -il test test.hard
14398 -rw-r--r--. 2 root root 13 Jan  1 09:31 test
14398 -rw-r--r--. 2 root root 13 Jan  1 09:31 test.hard
[root@localhost /]#cat test
:::::::::::::
test
:::::::::::::
hello world!
[root@localhost /]#cat test.hard
:::::::::::::
test
:::::::::::::
hello world!
```

在上述例子中，用 ls -il 命令查看一下文件的属性，发现文件 test 与硬链接属性相同，唯一不同的就是硬链接文件多了个 .hard 的后缀，并且文件内容及 inode 编号也都相同。

硬链接有两个限制：第一，不能对目录文件做硬链接；第二，链接文件与被链接文件必须在同一个文件系统中，不能在不同的文件系统中做硬链接。

2）软链接

软链接文件类似于 Windows 的快捷方式。它实际上是一种特殊的文件。在软链接文件中，保存了被链接文件的位置信息。被链接文件是实际保存数据的文件。所有的读/写文件的命令，当它们涉及符号链接文件时，将沿着链接方向前进，找到实际的被链接文件。软链接需要在 ln 命令后面加上-s。其基本语法格式如下：

```
ln -s 源文件 [目标文件]
```

软链接的链接文件就是一个基本单元大小的文件，一般为 3B，和被链接文件的大小没有关系。它的链接文件中存储的是被链接文件的元信息、路径或者 inode 节点。当删除软链接的链接文件，被链接文件不会受到任何影响；删除软链接的被链接文件，链接文件会变成红色，这时打开链接文件会报错，报找不到被链接的文件这种错误。

软链接可以链接任何类型的文件，包括目录和设备文件都可以作为被链接的对象。

【例 5-8】 创建软链接。

```
[root@localhost /]#ln -s test test.soft
[root@localhost /]#ls -l test test.soft
-rw-r--r--. 2 root root 13 Jan  1 09:31 test
lrwxrwxrwx. 1 root root  4 Jan  1 12:57 test.soft ->test
[root@localhost /]#ls -il test test.soft
14398 -rw-r--r--. 2 root root 13 Jan  1 09:31 test
14397 lrwxrwxrwx. 1 root root  4 Jan  1 12:57 test.soft ->test
```

从上述例子中可以看出,软链接文件的 inode 节点号与源文件不同,硬链接文件与源文件的 inode 节点号相同。建立软链接就是建立了一个新文件。当访问链接文件时,系统就会发现它是个链接文件,它读取链接文件找到真正要访问的文件。

4. 设备文件

Linux 将所有的设备看作一个文件来管理,用户操作设备就像使用普通文件一样。设备文件存放在/dev 目录下,它使用设备的主设备号和次设备号来区分指定的外设。设备文件除了存放节点信息以外,不包含任何数据。在 Linux 操作系统中,设备文件有两类:块设备和字符设备。

1) 块设备

块设备的主要特点是可以随机读/写,而最常见的块设备就是磁盘,如/dev/hda1、/dev/sda2 等。这类设备利用核心缓冲区的自动缓存机制,缓冲区进行 I/O 传送总是以 1KB 为单位。使用这种接口的设备包括硬盘、软盘和光盘等。

2) 字符设备

字符设备是最常用的设备类型,允许 I/O 传送任意大小的数据,取决于设备本身的容量。最常见的字符设备是打印机和终端,它们可以接收字符流。

5.3.2 文件的权限

在 Linux 操作系统中,出于安全的考虑,对文件的访问权限进行了严格的限制,规定用户可以对自己的文件进行权限设置,其他用户只能在权限许可的情况下进行访问。

Linux 将用户分为 3 种不同类型,分别是文件所有者、同组用户和其他用户。

每一文件或目录的访问权限都有 3 组,每组用 3 位表示,即:①文件属主的读权限、写权限和执行权限;②和属主同组的用户的读权限、写权限和执行权限;③系统中其他用户的读权限、写权限和执行权限。

用 ls -l 命令查看 test.c 文件的访问权限:

```
[root@localhost ~]#ls -l test.c
-rwxr--r--. 1 root root    95 1月  18 22:49 test.c
```

test.c 文件属性的第 1 位表示文件类型,"-"标志 test.c 是普通文件,如图 5-5 所示。

接下来的 9 位权限位分为 3 组,3 组权限依次表示文件属主的访问权限、文件所属组用户的访问权限和其他用户的访问权限。test.c 文件属主为 root,属组也是 root 组,root 用户对该文件的访问权限为"rwx",即读权限、写权限、执行权限都有;而 root 组用户的访问权限是"r--",即有读权限,没有写权限和执行权限;其他用户的访问权限也是"r--",有读权限,没

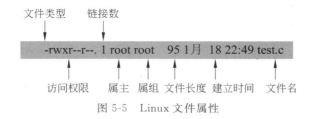

图 5-5　Linux 文件属性

有写权限和执行权限。

访问权限后面的信息，"1"是链接数，表示该文件只有 1 个硬链接，接着依次是文件的属主、属组、文件长度、文件建立时间、文件名。

修改文件访问权限的命令是 chmod 命令，其使用语法格式为

```
chmod [who] [+|-|=] [mode] 文件名
```

操作对象 who 可以是下述字母中的任一个或它们的组合。

- u：表示"用户(user)"，即文件或目录的所有者。
- g：表示"同组(group)用户"，即和文件属主有相同组 ID 的所有用户。
- o：表示"其他(others)用户"，即除了以上两种用户以外的用户。
- a：表示"所有(all)用户"。
- ＋：添加某个权限。
- —：取消某个权限。
- ＝：赋予给定权限并取消其他所有权限(如果有的话)。

设置 mode 所表示的权限可用下述字母的任意组合。

- r：可读。
- w：可写。
- x：可执行。

例如，对 test.c 文件，给和 root 同组的用户增加写权限：

```
[root@localhost ~]#chmod g+w test.c
[root@localhost ~]#ls -l test.c
-rwxrw-r--. 1 root root    95 1月  18 22:49 test.c
```

可以看到，通过 chmod g＋w test.c 指令，root 同组的用户对 test.c 的访问权限变成了"rw-"，即有了写权限。

也可以通过数字设定法修改文件的访问权限。每组访问权限依次是读、写、执行，用八进制数表示，读权限、写权限和执行权限所对应的数值分别是 4、2 和 1、0 表示该位没有权限，如表 5-1 所示。

表 5-1　文件访问权限的八进制表示方式

字符	含　　义	八进制表示
r	read：读，可以显示该文件的内容	$2^2=4$
w	write：写，可以编辑或删除它	$2^1=2$
x	excute：执行，如果是程序的话	$2^0=1$

例如,修改 test.c 的访问权限,使所有人都有读权限、写权限、执行权限:

```
[root@localhost ~]#chmod 777 test.c
[root@localhost ~]#ls -l test.c
-rwxrwxrwx. 1 root root    95 1月   18 22:49 test.c
```

5.4　文　件　操　作

在 Linux 操作系统中,文件是一个非常重要的概念,文件操作是操作系统为用户提供的一项最基本的功能之一。Linux 操作系统除提供了图形界面外,还有强大的文件目录操作命令。相比图形界面,命令界面可以节省大量的物理内存空间并且可以避免在图形界面下出现密密麻麻的列表,用户可以方便地完成一些特定的任务。相比图形界面,Linux 命令行才是 Linux 操作系统的真正核心,可以说 Linux 命令行对整个系统的运行以及设备与文件之间的协调都具有核心的作用。

5.4.1　文件描述符

在 Linux 操作系统中,文件描述符(File Descriptor)是内核为了高效管理已被打开的文件所创建的索引,其值是一个非负整数,用于指代被打开的文件。当打开一个现存文件或创建一个新文件时,内核就向进程返回一个文件描述符;当需要读/写文件时,也需要把文件描述符作为参数传递给相应的函数。

Linux 操作系统把输入、输出设备都用文件管理,习惯上,标准输入(Standard Input)的文件描述符是 0,标准输出(Standard Output)是 1,标准错误(Standard Error)是 2。POSIX 定义了 STDIN_FILENO、STDOUT_FILENO 和 STDERR_FILENO 来代替 0、1、2,如表 5-2 所示。

表 5-2　系统标准输入、输出设备文件描述符

文件描述符	宏	说　明
0	STDIN_FILENO	标准输入
1	STDOUT_FILENO	标准输出
2	STDERR_FILENO	标准错误输出

每一个文件描述符会与一个打开文件相对应,同时,不同的文件描述符也会指向同一个文件。相同的文件可以被不同的进程打开也可以在同一个进程中被多次打开。具体的情况需要查看内核数据结构。

内核数据结构主要有进程级的文件描述符表、系统级的打开文件描述符表和文件系统的 inode 表。

进程级的文件描述符表的每一条记录了单个文件描述符的相关信息,主要包括控制文件描述符操作的一组标志和对打开文件句柄的引用。

内核对所有打开的文件都维护有一个系统级的描述符表(Open File Description Table),也称为打开文件表(Open File Table),并将表格中各条目称为打开文件句柄(Open File Handle)。

一个打开文件句柄存储了与一个打开文件相关的全部信息,如下所示。

（1）当前文件偏移量（调用 read 函数和 write 函数时更新,或使用 lseek 函数直接修改）。

（2）打开文件时所使用的状态标识（即 open 函数的 flags 参数）。

（3）文件访问模式（如调用 open 函数时所设置的只读模式、只写模式或读/写模式）。

（4）与信号驱动相关的设置。

（5）对该文件 i-node 对象的引用。

（6）文件类型（例如,常规文件、套接字或 FIFO）和访问权限。

（7）一个指针,指向该文件所持有的锁列表。

（8）文件的各种属性,包括文件大小以及与不同类型操作相关的时间戳。

每个文件系统会为存储于其上的所有文件（包括目录）维护一个 i-node 表,单个 i-node 包含以下信息：文件类型、访问权限、文件锁列表和文件大小等。

5.4.2 文件操作相关函数

1. open 函数

功能描述：用于打开或创建文件,在打开或创建文件时可以指定文件的属性及用户的权限等各种参数。

```
#include <fcntl.h>
int open(const char * path, int flags, mode t_mode);
```

返回值：若成功,返回文件描述符;若出错,返回−1。

参数 flags 用于描述文件打开方式,常数定义在头文件中,参数 flags 的取值及其含义如表 5-3 所示。

表 5-3 参数 flags 的取值及其含义

参数值	含　　义
O_RDONLY	以只读方式打开文件
O_WRONLY	以只写方式打开文件
O_RDWR	以读/写方式打开文件
O_CREAT	若所打开文件不存在则创建此文件。使用此选择项时,需同时使用第三个参数 mode 说明该新文件的存取许可权位
O_EXCL	如果同时指定了 O_CREAT,而文件已经存在,则导致调用出错
O_TRUNC	如果文件存在,而且为只读或只写方式打开,则将其长度截断为 0
O_NOCTTY	如果 path 指的是终端设备（tty）,则不将此设备分配作为此进程的控制终端
O_APREND	每次写时都加到文件的尾端
O_NONBLOCK	如果 path 指的是一个 FIFO、一个块特殊文件或一个字符特殊文件,则此选择项将此文件的本次打开操作和后续的 I/O 操作设置为非阻塞方式
O_NDELAY	同 O_NONBLOCK
O_SYNC	只在数据被写入外存或者其他设备之后操作才返回

参数 mode 的取值及其含义如表 5-4 所示。

表 5-4　参数 mode 的取值及其含义

参数值	对应八进制数	含　　义
S_ISUID	04000	设置用户识别号
S_ISGID	02000	设置组识别号
S_SVTX	01000	粘贴位
S_IRUSR	00400	文件所有者的读权限位
S_IWUSR	00200	文件所有者的写权限位
S_IXUSR	00100	文件所有者的执行权限位
S_IRGRP	00040	所有者同组用户的读权限位
S_IWGRP	00020	所有者同组用户的写权限位
S_IXGRP	00010	所有者同组用户的执行权限位
S_IROTH	00004	其他用户的读权限位
S_IWOTH	00002	其他用户的写权限位
S_IXOTH	00001	其他用户的执行权限位

open 函数建立了一条到文件或设备的访问路径。如果操作成功,它将返回一个文件描述符,read 和 write 等系统调用使用该文件描述符对文件或设备进行操作。这个文件描述符是唯一的,它不会和任何其他运行中的进程共享。如果两个程序同时打开一个文件,会得到两个不同的文件描述符。如果同时对两个文件进行操作,它们各自操作,互不影响,彼此相互覆盖(后写入的覆盖先写入的)。为了防止文件读/写冲突,可以使用文件锁的功能。

【例 5-9】　open 函数实例。

```
[root@localhost ~]#cat open.c
#include<fcntl.h>
#include<sys/types.h>
int main(){
  int fd =0;
  fd=open("myfile",O_CREAT,S_IRUSR|S_IXOTH);
  close(fd);
}
[root@localhost ~]#gcc -o open open.c
[root@localhost ~]#./open
[root@localhost ~]#ls -l myfile
-r-------x. 1 root root 0 Jan 26 07:56 myfile
```

上述例子主要是创建一个名为 myfile 的文件,文件属主拥有读权限,其他用户拥有执行权限,且只有这些权限。

2. creat 函数

功能描述:creat 函数用于创建一个文件。

```
#include <unistd.h>
int creat(const char * path,mode_t mode);
```

返回值:若成功,返回以只写方式打开的文件描述符;若出错,则为-1。

3．close 函数

功能描述：用于关闭一个被打开的文件。

```
#include <unistd.h>
int close(int fd);
```

返回值：若成功返回 0；若出错返回－1。参数 fd 是需关闭文件的文件描述符。
当一个进程终止时，它所有的打开文件都由内核自动关闭。

4．rename 函数

功能描述：用于修改文件名称。

```
#include <stdio.h>
int rename (const char * oldpath,const char * newpath);
```

返回值：若成功返回 0；若出错返回－1。
参数 oldpath 是文件的原路径；newpath 是文件的新路径。

5．remove 函数

功能描述：删除文件。

```
#include <stdio.h>
int remove( const char * pathname);
```

返回值：若成功返回 0；若出错返回－1。
参数 pathname 是文件的路径。

6．chmod 函数

功能描述：修改文件的访问权限。

```
#include <sys/types.h>
#include <sys/stat.h>
int chmod ( const char * path, mod_t mod);
```

返回值：若成功返回 0；若出错返回－1。
参数 path 是文件的路径；mod 是文件的访问权限。访问权限 mod 可以用 3 位八进制
数表示，也可以用表 5-4 定义的宏或其组合表示，如 S_IRUSR | S_IWUSR 代表用户对文件
的读/写权限。

7．chown 函数

功能描述：修改文件的所有者。

```
#include <sys/types.h>
#include <sys/stat.h>
int chown ( const char * path, uid_t owner, gid_t group);
```

返回值：若成功返回 0,若出错返回－1。
参数 path 是文件的路径；owner 是指定文件的所有者；group 是指定文件的组。

8. lseek 函数

功能描述：用于在指定的文件描述符中将文件指针定位到相应位置。

```
#include<unistd.h>
off_t lseek( int file_des, off_t offset, int whence );
```

参数 whence 的取值及其含义如表 5-5 所示。

表 5-5　参数 whence 的取值及其含义

参数值	含　义
SEEK_SET	将文件的读/写偏移量设置为距离文件首端 offset 个字节处
SEEK_CUR	将文件的读/写偏移量设置为距离当前值加 offset 个字节处，offset 可为正负
SEEK_END	将文件的读/写偏移量设置为距离文件尾端 offset 个字节处，offset 可为正负

成功时返回新的文件偏移量，失败时返回－1。利用返回值可以测试文件描述符是否能够设置读/写偏移量（管道、FIFO 和网络套接字不能设置偏移量）。当读/写偏移量大于文件长度时，写操作将会在文件中构成一个空洞，空洞读为 0，但是空洞并不占用磁盘空间，其处理方式与文件系统的实现有关。

9. write 和 read 函数

1）write 函数向文件写入数据

```
#include<unistd.h>
ssize_t write( int file_des, const void * buf, size_t nbytes );
```

参数说明如下。

- file_des：文件描述符，标识要读取的文件。如果为 0，则从标准输入读取数据。类似于 scanf 函数的功能。
- * buf：缓冲区，用来存储读入的数据。
- nbytes：要读取的字符数。

返回值：成功返回已写的字节数；出错返回－1。

【例 5-10】 write 函数实例。

```
[root@localhost ~]#cat write.c
#include<stdio.h>
#include<string.h>
#include<unistd.h>
#include<stdlib.h>
#include<fcntl.h>
#include<sys/types.h>
int main(){
    int fd =0;
    int fd1 =0;
    fd=open("myfile",O_WRONLY,S_IRWXG);
    if(fd ==-1)
    {
        perror("file open error.\n");
```

```
        exit(-1);
    }
    else{
        fd1=write(fd,"here is some data\n",18);
        if(fd1!=18){
            write(2,"a write error has occurred",26);
            exit(0);      }
    }
    close(fd);
    return 0 ;
}
[root@localhost ~]#gcc -o write write.c
[root@localhost ~]#./write
[root@localhost ~]#cat myfile
here is some data
```

2）read 函数从文件读取数据

```
#include<unistd.h>
ssize_t read( int file_des, void * buf, size_t nbytes );
```

参数说明如下。

- file_des：文件描述符，标识了要写入的目标文件。例如，file_des 的值为 1，就向标准输出写数据，也就是在显示屏上显示数据；如果为 2，则向标准错误写数据。
- * buf：待写入的文件，是一个字符串指针。
- nbytes：要写入的字符数。

返回值：成功返回读到的字节数，若已到文件结尾返回 0；出错返回−1。

【例 5-11】 read 函数实例。

```
[root@localhost ~]#cat read.c
#include<stdio.h>
#include<string.h>
#include<unistd.h>
#include<stdlib.h>
#include<fcntl.h>
#include<sys/types.h>
int main(){
    int fd =0;
    char buf[20];
    fd=open("myfile",O_RDONLY,S_IRWXG);
    if(fd ==-1) {
        perror("file open error.\n");
        exit(-1);
    }
    else{
        int n_read;
        n_read =read(fd,buf,20);
        printf("%s\n",buf);
    }
```

```
    close(fd);
    return 0;
}
[root@localhost ~]#gcc -o read read.c
[root@localhost ~]#./read
here is some data
```

10. dup 和 dup2 函数

dup 和 dup2 都用于复制一个现有的文件描述符,成功返回新的文件描述符,出错返回－1,区别主要有两点:一是 dup 一定返回当前可用的最小文件描述符;二是 dup2 指定参数 file_des2 为新的文件描述符,当 file_des2 打开时,先将其关闭,若 file_des 和 file_des2 相等,返回 file_des2 而不关闭它。

1) dup 函数

```
#include<unistd.h>
int dup( int file_des );
```

函数如果调用成功则返回新的文件描述符;否则出错返回－1。

函数 dup 允许用户复制一个 file_des 文件描述符。存入一个已存在的文件描述符,它就会返回一个与该描述符"相同"的新的文件描述符。

【例 5-12】 复制文件描述符,并向文件写数据。

```
[root@localhost ~]#cat dup.c
#include <unistd.h>
#include <fcntl.h>
#include <stdlib.h>
#include <stdio.h>
#include <string.h>
void main()
{
    int fd,newfd;
    char * bufFD="hello world! write by fd\n";
    char * bufNewFD="hello world! write by NewFD\n";
    fd =open("test.txt",O_RDWR|O_CREAT,0644);
    if(fd==-1)
    {
        printf("open file error%m\n");
        exit(-1);
    }
    //开始复制
    newfd =dup(fd);
    //使用 fd 写
    write(fd,bufFD,strlen(bufFD));
    close(fd);
    //使用 newfd 写
    write(newfd,bufNewFD,strlen(bufNewFD));
    if(close(newfd)==-1)
    {
        printf("close error\n");
```

```
            exit(-1);
        }
    close(newfd);
    exit(0);
}
[root@localhost ~]#./dup
[root@localhost ~]#cat test.txt
hello world! write by fd
hello world! write by NewFD
```

从执行结果可以看出,我们可以通过对文件描述符 fd 或 newfd 对同一个文件进行读写操作,并且在 fd 关闭后,对 newfd 没有影响,使用 newfd 还可以操作打开的文件。

2）dup2 函数

```
#include<unistd.h>
int dup2( int file_des, int file_des2 );
```

dup2 函数如果调用成功,file_des2 将变成 file_des 的复制品,两个文件描述符现在都指向同一个文件,并且是 file_des 指向的文件,返回的是新的文件描述符,出错返回−1。

函数 dup2 用来复制参数 file_des 所指的文件描述符,并将 file_des 复制到参数 file_des2。若参数 file_des2 为一个打开的文件描述符,则 file_des2 所指的文件会先被关闭。若 file_des2 等于 file_des,则返回 file_des2,而不关闭 file_des2 所指的文件。函数 dup2 所复制的文件描述符与原来的文件描述符共享各种文件状态。

【例 5-13】　复制文件描述符,并读取文件内容。

```
[root@localhost ~]#cat dup2.c
#include <unistd.h>
#include <fcntl.h>
#include <stdlib.h>
#include <string.h>
#include <stdio.h>
void main()
{
    int fd,fd1;
    int refd;
    char buf[100];
    fd =open("file.txt",O_RDWR|O_CREAT,0644);
    if(fd==-1)
    {
        printf("open file error ! \n");
        exit(-1);
    }
    char *  str="hello, it's file.txt ...\n";
    write(fd,str,strlen(str));
    lseek(fd,0,SEEK_SET);
```

```
        fd1 =open("file1.txt",O_RDWR|O_CREAT,0644);
        if(fd1 ==-1)
        {
            printf("open file1 error ! \n");
            exit(-1);
        }
        refd =dup2(fd,fd1);
        if(refd==-1)
        {
            printf("dup2 fd error ! \n");
            exit(-1);
        }
        printf("dup2 的返回值:%d\n",refd);
        printf("file.txt 的文件描述符:%d\n",fd);
        printf("file1.txt 的文件描述符:%d\n",fd1);
        read(refd,buf,100);
        printf("file.txt 内容: %s\n",buf);
        close(fd);
        exit(0);
    }
[root@localhost ~]#gcc -o dup2 dup2.c
[root@localhost ~]./dup2
dup2 的返回值:4
file.txt 的文件描述符:3
file1.txt 的文件描述符:4
file.txt 内容: hello, it's file.txt ...
```

从执行结果可以看出,dup2 函数的返回值是 4,文件 file. txt 的文件描述符是 3,文件 file1. txt 的文件描述符是 4。由此可以看出,dup2 函数返回的是新的文件描述符,并且从结果可以看出,调用 dup2 函数之后,文件描述符 4 所指向的文件与文件描述符 3 所指向的文件都是 file. txt,并且读取了 file. txt 文件的内容。

本 章 小 结

文件系统管理是 Linux 操作系统管理的重要组成部分,掌握基本的文件操作命令,对熟悉 UNIX/Linux 操作系统有着非常重要的作用。本章主要介绍了 Linux 文件系统与操作,主要内容包括 Linux 操作系统中常用的磁盘操作命令和 Linux 操作系统的磁盘分区与目录结构。了解 Linux 操作系统的目录结构可以帮助用户快速准确地熟悉 Linux 文件系统的逻辑结构。重点介绍了 Linux 文件系统的挂载与卸载操作以及 Linux 文件类型等。本章介绍的内容都是用户学习和熟练使用 Linux 文件系统的必备基础。

本 章 习 题

1. 查看你所使用的 Linux 操作系统的根目录有哪些目录,并解释它们的作用。

2. Linux 操作系统中,文件的访问权限是怎样规定的? 如何修改文件的访问权限?

3. 解释 inode 节点在文件系统中的作用。

4. 将 U 盘连接到 USB 接口后,如何将其挂载到/mnt/usb 目录下?

5. 什么是符号链接? 什么是硬链接? 符号链接与硬链接的区别是什么?

6. 建立符号链接文件和硬链接文件之后,如果删除源文件会有什么结果? 并且思考原因。

7. Linux 操作系统有几种类型文件? 它们分别是什么? 有哪些相同点和不同点?

8. 用 C 语言编程,打开/etc/passwd 文件,显示当前系统中已经注册的普通用户账号。

9. 假设 Linux 分配给光驱的设备名是/dev/cdrecord,叙述 Linux 如何在这个光驱上使用光盘。

10. 用 C 语言编程,打开用户指定的文件,将文件内容倒序后再写入该文件。

第6章　内存管理

存储器是计算机组成结构中最为重要的组成部件之一,是用来存储程序与数据的部件。对计算机来说,有了存储器才有了记忆功能,才能够正常工作。存储器按用途可以分为主存储器和辅助存储器,其中主存储器被简称为内存或主存,辅助存储器被简称外存或者辅存。内存是处理器接寻址的存储空间,由半导体器件制成,其特点是访问速度快,但容量小且价格昂贵,并且是暂时性的存储器。相较于内存而言,外存(磁盘等)容量大,价格低廉但访问速度慢,是永久性存储器。

内存管理指的是用户或者是操作系统对计算机内存的资源分配及使用,最主要的目的就是如何高效快速地分配,并在恰当的时候回收和释放资源。本章主要讨论用户在 Linux 操作系统中,如何对内存进行访问控制及管理。

本章主要学习以下内容。

- 熟悉 Linux 内存管理机制。
- 掌握 Linux 下虚拟内存空间划分。
- 掌握内存的分配与释放方法。
- 了解常用的内存操作函数。

6.1　Linux 内存管理机制

6.1.1　虚拟内存管理机制

Linux 的内存管理涉及对虚拟内存和物理内存两方面的管理,以及如何实现二者之间的映射。Linux 操作系统利用计算机的虚拟存储技术,实现了内存的虚拟存储管理,使进程不再局限于实际的物理内存大小,可以动态扩展。本节讨论 x86 架构下的 Linux 系统的内存管理。Linux 采用了分页式的管理机制,由于 x86 架构是基于分段式的分页机制,故 Linux 要保持最低限度的分段机制,将分段的基址设为 0,段总长设为 4GB,只在段类型与访问权限上有区别。下面就分页式管理机制、分段式管理机制和虚拟存储机制做一个简单的介绍。

1. 分页式存储管理

1)基本概念

分页存储系统将内存存储空间划分的大小相等的存储块称为块(Block)或者页框(Page Frame),将逻辑地址空间中划分的大小相等的块称为页(Page)。在进程执行的时候要申请内存空间,系统以块为单位把内存分配给作业或者进程。

为方便在内存中快速找到与页相对应的内存块,我们引入了页表,系统为每个进程创建一张页表,记录逻辑地址中的页对应的内存的物理块号,页表存放于内存之中。页表由页表项构成,页表项分为两部分,第一部分是页号,第二部分是物理块号。页表的作用是实现了页号到物理块号的一一对应。

2）地址变换机构

为了将用户地址空间的逻辑地址转换成内存空间的物理地址,实现地址映射,需要设置地址变换机构,地址变换主要是借助页表实现。

在系统中设置一个页表寄存器(PTR),存放页面在内存的始址 F 和页表长度 M,进程未执行时,页表的起始地址和页表长度存放在进程控制块中,进程执行时才存入页表寄存器。

2. 分段存储管理方式

如果说分页管理方式从计算机角度考虑如何提高内存利用率,从而提升计算机性能,那么提出分段式管理便是满足用户(程序员)方便编程、信息保护和共享、动态增长及动态链接等多方面需要。

1）基本原理

把程序按内容或者过程分为若干段,每段定义一组逻辑信息。例如,主程序段、子程序段、数据段及栈段,且每一段都有自己的名字,为了方便起见一般用段号代替。每个段从 0 开始编址,并采用一段连续空间(段内要求连续,段间不要求连续)。

分段管理方式的逻辑地址也同样由两部分组成,段号 S 和段内偏移量 W。分段式管理逻辑地址结构如图 6-1 所示。

图 6-1　分段式管理逻辑地址结构

分段式管理中同样存在段表,系统为每一个进程分配一张段表,段表中的每一项对应着进程中的一个段。一个段表项包含两个部分:段长及段的起始地址。执行中的进程通过段表找到实际的内存,从而实现了逻辑地址到物理地址的映射。

2）地址变换机构

为了将逻辑地址变换为物理地址,与分页管理方式相同,同样设置了段表寄存器存放段表起始地址 F 和段表长度 M。当进程访问逻辑地址 A 时,从逻辑地址 A 到物理地址 E 的变换过程如下。

(1) 从逻辑地址取出前几位作为段号 S,后几位作为段内偏移量 W。

(2) 比较段号 S 和段表长度 M,当 S>M 时产生越界中断;反之继续运行。

(3) 若 S≤M,表示未越界,此时根据段表起始地址 F 和段号 S 计算该段号对应的段表项地址。取出段表项的前几位得到段长 C,若段内偏移量 W 大于段长 C,则产生越界中断;反之继续执行。

(4) 取出段表项中的起始地址 b,则物理地址 E＝b＋W。

3）段的保护与共享

段的共享是指两个或者两个以上的作业共同使用某个子程序或者数据段时,在内存中只保留该信息的一个副本。为了实现段共享系统应建立一张登记共享信息的表,该表中有共享段段名、装入标志位、内存起始地址以及当前使用该共享段的作业名信息。

段的保护是指为了实现段的共享和保证作业正常运行的一种措施,常见的方法有两种,一是存取控制保护;二是地址越界保护。

3. 段页式存储管理方式

分页式管理方式有助于提高内存利用率,减少碎片的产生,而分段式的管理方式则反映了程序的逻辑结构并有利于段的共享,并为用户提供二维的地址空间。因此将这两种管理方式结合在一起,可以既方便用户又提高效率,由这个设计思想我们提出了段页式存储管理方式。

1)基本原理

段页式存储管理方式基本上采用的是用分段的方式管理逻辑地址空间,将逻辑地址采用分段的方法来管理分成若干段,而在每一段中,又采取分页的管理方式,用分页的方法来管理物理内存。段页式存储管理中的逻辑地址如图 6-2 所示,分为 3 个部分,段号 S、段内页号 P、页内偏移量 W,这种地址结构如图 6-2 所示。

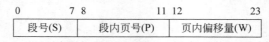

图 6-2　段页式存储管理方式的逻辑地址结构

2)地址变换机构

段页式存储管理为了实现地址变换,为每个进程建立一张段表,为每个段建立一张页表。在进行地址变换时,先通过段表查到页表起始地址,然后通过页表找到页号,最后形成物理地址,进行一次访问需要 3 次访问内存。

4. 虚拟内存管理

1)虚拟内存概念

虚拟内存是基于著名的局部性原理,允许程序分多次调入内存。先将程序的一部分装入内存中,其余部分留在外存,当程序在执行过程中所访问的对象不在内存中时,系统将所需的部分调入内存继续执行,这样从宏观上看为用户提供了一个远大于实际内存的存储空间,我们称为虚拟内存。虚拟内存主要分为 3 种类型:请求分页式存储管理、请求分段式存储管理和请求段页式存储管理。下文着重介绍请求分页式存储管理。

2)请求分页式存储管理方式

请求分页式存储管理是在分页式管理方法基础上增加了请求调页功能和页面置换功能所形成的页式虚拟存储。在程序开始执行时,装入部分页面以便启动,后期再通过请求调页和页面置换,把暂时不运行的页面换到外存中,把即将要运行的页面调入内存中,从逻辑上扩大了内存。

为了实现请求调页和页面置换功能,系统需要必要的软硬件支持,主要的硬件支持如下。

(1)请求分页的页表机制。它是在基本分页的页表基础上增加若干项产生的。

(2)缺页中断机构。当用户程序要访问的页面尚未调入内存时,便产生一缺页中断,以请求操作系统将所缺的页面调入内存。

(3)地址变换机构。同样基于分页地址变换机构发展而来。

5. 页面置换算法

1)最佳置换算法

最佳置换算法(OPT)将以后永远不使用或者最长时间内不再被访问的页面调出,但由于无法预知这个算法,仅仅作为理想算法来对其他算法进行评估。

2)先进先出页面置换算法

先进先出页面置换算法(FIFO)优先淘汰最早调入的页面,即留存在内存中最久的页面。

3)最近最久未使用置换算法(LRU)

选择最近最长时间未访问过的页面进行淘汰,默认在过去一段时间未访问的页面在将来也不可能被访问,该算法为每个页面设置访问字段,记录上次被访问以来所经历的时间。

6.1.2　线性地址空间与物理地址空间

在 Linux 操作系统中共有 3 种类型的地址,分别如下。

(1)逻辑地址:包含在机器语言指令中指定一个操作数或一条指令的地址,逻辑地址由一个段选择符和段内偏移量组成。

(2)线性地址:即虚拟地址,对应页式管理的地址,是逻辑地址到物理地址变换的中间部分,逻辑地址加上段的基址便生成了线性地址。

(3)物理地址:是实际存储器的地址。

Linux 操作系统中的逻辑地址转换过程如图 6-3 所示,因只采用最低限度的分段机制,段基址被系统置为 0,所以逻辑地址等于线性地址,当考虑地址映射时只需要将线性地址映射到物理地址。Linux 的内存管理机制从上到下分别为线性内存管理机制、页表管理机制、物理内存管理机制。

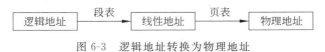

图 6-3　逻辑地址转换为物理地址

1. Linux 的线性地址空间管理

在 80x86 中,线性地址是 32 位,因此每个线性地址空间的最大容量是 4GB。将线性地址中空间地位的 0~3GB 划分为用户空间,将 3~4GB 划分为内核空间。

1)用户空间划分

用户区从 0~3GB,一般分为 5 个段,分别是代码段、数据段、BSS 段(Block Started by Symbol,用来存放未初始化的全局变量和静态变量)、堆段、栈段,如图 6-4 所示。

- 代码段:用来存放可执行文件的操作指令,可以说是可执行程序在内存中的镜像,代码段在运行的时候需要防止被非法修改,所以是只读而不可修改。
- 数据段:用来存放可执行文件中初始化的全局变量,即是存放静态分配的变量和全局变量。
- BSS 段:包含程序中未初始化的全局变量。
- 堆段:用来存放进程运行过程中被动态分配的内存段,它的大小并不固定,可以动态扩张或者缩减。当进程使用 malloc 等内存分配函数,新分配的内存将动态添加到堆上,当利用 free 函数释放内存时,被释放的内存从堆中被剔除。
- 栈段:是用户存放程序临时创建的局部变量,也就是函数"{}"中定义的变量(不包

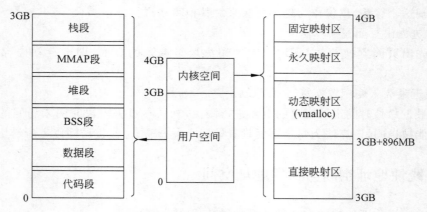

图 6-4　线性地址空间划分

括 static 声明的变量, static 的变量存放于数据段)。除此之外, 在函数被调用的时候, 其余参数也会被压入发起调用的进程栈中。在调用结束的时候, 函数的返回值也会被存入栈中。

2) 内核空间划分

内核空间低位有 16MB 用于外设的 DMA 操作, 从 16MB 到 896MB 是物理内存直接映射的内存空间, 最高端的 128MB 专门用于映射高端内存, 这一部分可以分为 3 块, 分别是动态映射区、永久映射区和固定映射区。

2. Linux 的页表管理机制

在 Linux 操作系统中, 每个进程都有 3GB 的地址空间, Linux 的内核采用分页方式实现进程的虚拟地址空间映射到物理内存上, Linux 中线性地址通过页表映射物理地址的过程如图 6-5 所示。

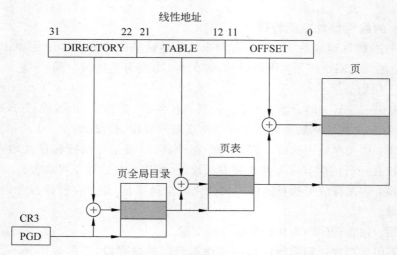

图 6-5　线性地址通过页表映射物理地址

1) 页表的作用

当进程开始访问内存时, 操作系统通过页表将虚拟内存映射到物理内存上, 如果没有为这个进程建立页表项,那么 Linux 操作系统将这个进程新建页表项存入页表中。最基本的映射单位是 page。

2)页表的实现

Linux 最多支持四级页表。而在 x86 架构中实际上只使用了两级页表,分别是页全局目录表(PGD)和页表(PT),Linux 通过使 PUD 和 PMD 位全为 0,取消了页上级目录和页中级目录,但是页上级目录和页中级目录的指针序列依旧被保留,以便代码可以在 32 位与 64 位上通用。

3. Linux 的物理地址管理

Linux 将物理地址划分为大小相同的页面,在系统初始化的时候,根据实际物理内存的大小,为每个物理页面创造一个 page 对象,所有 page 对象构成一个 mem_map[] 数组。数组中的每一个元素都是 page 的结构体。需要注意的是,数组中每一个 page 结构体在数组中的位置与它们对应的物理页面在内存中的位置是一致的。数组 mem_map[] 初始化的时候由 free_area_init 创建,它存放在物理内存的低地址部分,而 page 结构体中有 map_nr 成员项用来标注 page 结构体在 mem_map[] 中的相对地址,通过物理内存的低地址和相对地址便可以确定 page 对象对应物理页面所在位置。

根据用途的不同,Linux 内核将页面划分到 3 类内存管理区中,分别为 ZONE_DMA、ZONE_NORMAL、ZONE_HIGHMEM,如图 6-6 所示。

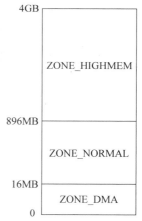

图 6-6　物理地址空间划分

- ZONE_DMA:内核地址空间里最低 16MB 空间作为用户外设与系统之间的数据传输,该区域的物理页面专门供 I/O 设备使用。之所以单独管理 DMA 物理页面,是因为 DMA 使用物理地址访问内存,不经过 MMU,并且需要连续的缓冲区。因此为了能提供物理上连续的缓冲区,从地址空间专门划分一段区域用于 DMA。
- ZONE_NORMAL:这一部分是一致映射区,从 16MB 至 896MB,这一部分都是虚拟页面和物理内存一一对应的关系。由于 Linux 的分段机制,通过一个偏移量便可以把虚拟地址转化为具体的物理地址。
- ZONE_HIGHMEM:从 896MB 至结束,这一部分被称作高端内存,用户不能直接使用,需要建立临时映射才能使用。

Linux 的存储管理是为系统进程与用户进程之间分配存储空间,内核在进程的虚拟空间进行内存分配,再映射到物理存储空间,实质上还是对物理内存的分配。

Linux 是使用 kmalloc 函数和 vmalloc 函数进行物理内存的分配工作。其中,kmalloc 函数用于申请较小的、连续的物理内存,其函数声明如下:

```
void * kmalloc(size_t size, int flags)
```

声明里参数 size 是分配内存的大小;参数 flags 是分配内存的方法,常用 flags 有以下几种。

- GFP_ATOMIC:分配内存的过程是一个原子过程,分配内存的过程不会被(高优先

级进程或中断)打断;

- GFP_KERNEL:正常分配内存;
- GFP_DMA:给 DMA 控制器分配内存,需要使用该标志(DMA 要求分配虚拟地址和物理地址连续)。

使用 kmalloc 函数进行内存分配时可能出现两种情况:一种情况是分配内存的大小约大于等于一个页面时,则这些页面全部被占用;另一种情况是页面中仅一部分被占用,剩余部分处于空闲状态,对于这种页面按第一次申请的并占用的块长度均等划分该页面,使其中的空闲部分成为与块单位相等的空闲块,等待再分配。如假设申请 1000B 的字节的块,因为一个页面的大小为 4096B,将一个页面划分成 4 个 1024B 的块,其中一个被占用,剩余的3 个就成为空闲块。

vmalloc 函数用以申请较大的内存空间,该函数分配的内存在虚拟地址上连续,在物理地址上不一定连续。在内存紧张的情况下,连续内存无法满足要求的时候使用 vmalloc函数是必须的,因为它可以充分利用不连续的物理内存页面满足分配要求。其函数声明如下:

```
void * vmalloc(unsigned long size)
```

参数 size 为要分配的内存大小。

因为 kmalloc 函数分配的物理内存都是连续的,故出于性能考虑内核一般情况分配内存都使用 kmalloc 函数,只有当申请大块内存时才使用 vmalloc 函数。这两个函数分别对应着 kfree 函数和 vfree 函数用以释放内存。

6.2　内存的控制

在 Linux 操作系统中,虚拟内存被分为用户空间与内核空间,系统为每一个进程分配4GB 的虚拟地址空间,其中 0～3GB 为用户空间,3～4GB 为内核空间,每一个进程的内核空间是共享的,即拥有相同的内核空间,而每一个进程都拥有独立的用户空间。这一节主要研究在用户空间如何对内存进行分配。

6.2.1　内存分配与释放

在 Linux 操作系统中,对于用户来说,常用的内存分配函数有 malloc 函数和 calloc 函数,需要注意的是,每一个内存分配函数都与释放内存函数 free 一一对应。

1. malloc 函数

malloc 函数从堆上获得指定字节的内存空间,其函数声明如下:

```
void * malloc(size_t n)
```

其中,参数 n 指的用户要求分配的字节数,如果函数执行成功,malloc 返回值后的内存空间的首地址;如果函数执行失败,返回值为 NULL。由于 malloc 函数值类型为 void 型指针,因此,可以将其值的类型转换后赋给任意类型指针,这样通过操作该类型指针来操作堆上获得的内存空间。

要注意 malloc 函数分配得到的内存空间是未初始化的,因此,一般使用该内存空间的时候,需要调用另一个函数 memset 来将其初始化为全 0。

一般来说,malloc 等动态分配内存的函数申请的内存主要从栈段进行分配,由于 Linux 采用的是虚拟内存机制,进程中的虚拟地址空间只有按页映射到物理内存,才能真正使用。受物理内存大小所限,堆的内存空间不能全部映射到物理内存上。

【例 6-1】 malloc 函数实例。

```c
#include <stdio.h>
#include <stdlib.h>
int main ()
{
    int i,n;
    char * buffer;
    printf ("输入字符串的长度:");
    scanf ("%d", &i);
    buffer = (char *)malloc(i+1);              //分配内存空间
    if(buffer==NULL) exit(1);                  //判断是否分配成功
    for(n=0; n<i; n++)                         //随机生成字符串
        buffer[n] =rand()%26+'a';
    printf ("随机生成的字符为:%s\n",buffer);
    free(buffer);                              //释放内存空间
    return 0;
}
```

程序执行结果:

```
[root@localhost ~]#gcc -o malloc malloc.c
[root@localhost ~]#./malloc
输出字符串的长度:6
随机生成的字符串为:nwlrbb
```

2. calloc 函数

calloc 函数的功能与 malloc 函数相似,都是从堆分配内存,其函数声明如下:

```c
void * calloc(size_t n,size_t size);
```

但 calloc 函数与 malloc 函数不同的是,它会将所分配的内存空间中的每一位都初始化为 0。如果你是为字符类型或整数类型的元素分配内存,那么这些元素将保证会被初始化为 0;如果你是为指针类型的元素分配内存,那么这些元素通常会被初始化为空指针;如果你为实型数据的元素分配内存,则这些元素会被初始化为浮点型的零。calloc 函数适合为数组申请空间,可以将 size 设置为数组元素的空间长度,将 n 设置为数组的容量。

【例 6-2】 calloc 函数实例。

```
#include <stdio.h>
#include <stdlib.h>
#define SIZE 5
int main()
{
    int * p =NULL;
    int i =0;

    //为 p 从堆上分配 SIZE 个 int 型空间
    p = (int *) calloc(SIZE, sizeof(int));
    if (NULL ==p)
    {
        printf("Error in calloc.\n");
        return -1;
    }

    //为 p 指向的 SIZE 个 int 型空间赋值
    for (i =0; i <SIZE; i++)
    {
        p[i] =i;
    }

    //输出各个空间的值
    for (i =0; i <SIZE; i++)
    {
        printf("p[%d]=%d\n", i, p[i]);
    }
    free(p);
    p =NULL;
    return 0;
}
```

程序执行结果：

```
[root@localhost ~]#./calloc
p[0]=0
p[1]=1
p[2]=2
p[3]=3
p[4]=4
```

3. free 函数

从堆上动态分配的内存，在程序结束之后系统不能自动释放，需要用户（程序员）自己管理。当程序运行结束时，必须将所有已分配的内存释放，否则将会导致内存泄露。内存泄露是指进程退出时没有释放已经分配的内存，系统失去了对这些空闲内存的控制，造成了内存资源的浪费。内存泄露的很大一部分原因是由于在用户程序中，使用了内存分配函数申请内存，而在退出程序时并未采取相应的释放措施造成的，因而在程序设计过程中，当调用内存分配的 malloc 函数和 calloc 函数后，要记得在退出程序前调用 free 函数释放内存，以避免内存泄露的发生。free 函数的声明如下：

```
void free(void * p)
```

其中，参数 p 是要释放的内存块首地址。在内存分配时，free 函数与 malloc 函数和 calloc 函数成对出现来对分配的函数进行内存释放。free 函数主要实现的方法实际上是解除指针和内存的关系，而内存中本来保存的值并没有改变，只是无法再通过指针进行访问。

free 函数的实现：

```
struct mem_control_block {
    int is_available;
    int size;
};                                         //进程控制块的结构定义
void free(void * firstbyte)
{
    struct mem_control_block * mcb;
    //取得该块的内存控制块的首地址
    mcb = firstbyte - sizeof(struct mem_control_block);
    //将该块标志设为可用
    mcb->is_available =1;
    return;
}
```

6.2.2 内存映射

1. 内存映射的概念

内存映射，简而言之就是将文件或者其他对象映射到用户空间中，实现文件磁盘地址和用户空间一段地址的对应关系，具体的映射位置如图 6-7 所示。映射成功后，用户对这段内存区域的修改可以直接反映到文件磁盘上，同时内核空间对这段区域的修改也反映到用户

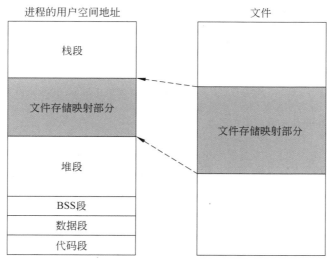

图 6-7 内存的映射

空间中,大大提高数据交换的效率。

之所以会有内存映射的思想,是因为用户既不能直接访问磁盘等物理设备,也不能在系统空间直接访问,必须通过 open、close、read、write 等系统调用,访问内存映射的虚拟空间,间接地访问磁盘文件。这样造成访问一次物理设备,需要进行两次数据复制,一次是内核空间到磁盘文件的,另一次是内核空间到用户空间的。当数据量比较小的时候,这样的复制过程造成的影响还可以忽略不计,但是当数据量非常大的时候,将会在很大程度上影响系统的性能。而进行内存映射,当映射关系建立成功后,用户对磁盘文件的操作便省略了进行系统调用这一过程,提高了系统的效率与性能。

2. 内存映射函数

内存映射函数是 mmap 函数,函数的声明如下。

表头文件:

```
#include<unistd>
#include<sys/mman.h>
```

函数:

```
void * mmap(void * start,size_t length,int port,int flags,int fd,off_t offsize);
```

mmap 函数的参数及其含义如表 6-1 所示。

表 6-1　mmap 函数的参数及其含义

参数	含　义
start	指向要映射目标的内存起始地址,通常设置为 NULL,让系统自动选定地址,映射成功后返回该地址
length	将文件中多大的部分映射到了内存,即是映射区长度
port	映射区域的保护方式,不能与文件的打开模式冲突。是以下的某个值,可以通过 or 运算合理地组合在一起。 • PORT_EXEC:映射内容可以被执行 • PORT_READ:映射区域可以被读取 • PORT_WRITE:映射区域可以被写入 • PORT_NONE:映射区域不能存取
flags	flags 会影响映射区域的各种特性。 • MAP_FIXED:使用指定的映射起始地址,如果由 start 和 length 参数指定的内存区重叠于现存的映射空间,重叠部分将会被丢弃。如果指定的起始地址不可用,操作将会失败,并且起始地址必须落在页的边界上 • MAP_SHARED:与其他所有映射这个对象的进程共享映射空间。对共享区的写入,相当于输出到文件。直到 msync 函数或者 munmap 函数被调用,文件实际上不会被更新 • MAP_PRIVATE:建立一个写入时复制的私有映射。内存区域的写入不会影响到原文件。这个标志和以上标志是互斥的,只能使用其中一个 • MAP_DENYWRITE:这个标志被忽略 • MAP_EXECUTABLE:这个标志被忽略 • MAP_NORESERVE:不要为这个映射保留交换空间。当交换空间被保留,对映射区域的修改可能会得到保证。当交换空间不被保留,同时内存不足,对映射区的修改会引起段违例信号

续表

参数	含　义
flags	• MAP_LOCKED：锁定映射区的页面，从而防止页面被交换出内存 • MAP_GROWSDOWN：用于堆栈，告诉内核 VM 系统，映射区可以向下扩展 • MAP_ANONYMOUS：匿名映射，映射区不与任何文件关联 • MAP_ANON：MAP_ANONYMOUS 的别称，不再被使用 • MAP_FILE：兼容标志，被忽略 • MAP_32BIT：将映射区放在进程地址空间的低 2GB，MAP_FIXED 指定时会被忽略。当前这个标志只在 x86-64 平台上得到支持 • MAP_POPULATE：为文件映射通过预读的方式准备好页表。随后对映射区的访问不会被页违例阻塞 • MAP_NONBLOCK：仅和 MAP_POPULATE 一起使用时才有意义。不执行预读，只为已存在于内存中的页面建立页表入口
fd	有效的文件描述词。如果 MAP_ANONYMOUS 被设定，为了兼容问题，其值应为—1
offsize	被映射对象内容的起点

解除映射函数为 munmap 函数，函数的声明如下：

```
int munmap(void * start,size_t length);
```

参数说明如下：

- start：将要释放映射区的起始地址。
- length：必须为 mmap 中映射区的长度。注意如果 length 小于映射区长度将会导致内存泄露。

mmap 函数返回说明：当映射函数 mmap 成功执行后，mmap 函数返回被映射区的指针，解除映射函数 munmap 返回 0；失败时 mmap 返回 MAP_FAULED，其值为（void * ）—1，munmap 返回—1，错误代码存于 errno 中。

错误代码：

- EACCES：访问出错。
- EAGAIN：文件已被锁定，或者太多的内存已被锁定。
- EBADF：fd 不是有效的文件描述词。
- EINVAL：一个或多个参数无效。
- ENFILE：已达到系统对打开文件的限制。
- ENODEV：指定文件所在的文件系统不支持内存映射。
- ENOMEM：内存不足，或者进程已超出最大内存映射数量。
- EPERM：权限不足，操作不允许。
- ETXTBSY：以写的方式打开文件，同时指定 MAP_DENYWRITE 标志。
- SIGSEGV：试着向只读区写入。
- SIGBUS：试着访问不属于进程的内存区。

进程在映射空间对共享内容的改变并不直接写回磁盘文件中，往往调用 mummap 函数后才会执行 msync 函数实现磁盘文件内容与共享内存区的内容一致。成功返回 0，失败返回—1。msync 函数的声明如下：

```
msync(void * start,size_t len, int flags)
```

参数说明如下。

- start：映射区的开始地址。
- len：映射区的长度。
- flags：控制回写到文件的具体方式。MS_ASYNC、MS_SYNC 必须指定其一。

(1) MS_ASYNC：只是将写操作排队，并不等待写操作完成就返回。

(2) MS_SYNC：等待写操作完成后才返回。

(3) MS_INVALIDATE：作废与实际文件内容不一致缓存页，有的实现则是作废整个映射区的缓存页。

【例 6-3】 内存映射实例。

```c
#include<unistd.h>
#include<stdio.h>
#include<stdlib.h>
#include<string.h>
#include<sys/types.h>
#include<sys/stat.h>
#include<sys/time.h>
#include<fcntl.h>
#include<sys/mman.h>

#define MAX 10000
int main()
{
    int i=0,fd=0;

    int * array=NULL;
    struct timeval tv1,tv2;
    array=(int * )malloc(sizeof(int) * MAX);
    if(array==NULL)
    {
        printf("malloc failed!!");
    }
    / * 系统调用 * /
    gettimeofday(&tv1,NULL);
    fd=open("test",O_CREAT|O_RDWR,0064);
    for(i=0;i<MAX;++i)
        ++array[i];
    write(fd,(void * )array,sizeof(int) * MAX);
    close(fd);
    gettimeofday(&tv2,NULL);
    printf("Time of read and write:%dus\n",tv2.tv_usec-tv1.tv_usec);

    / * 内存映射 * /
    gettimeofday(&tv1,NULL);
    fd=open("test",O_RDWR,0064);
```

```
array=mmap(NULL,sizeof(int) * MAX,PROT_READ|PROT_WRITE|PROT_EXEC,MAP_
SHARED,fd,0);
for(i=0;i<MAX;++i)
   ++array[i];
munmap(array,sizeof(int) * MAX);
msync(array,sizeof(int) * MAX,MS_SYNC);
close(fd);
gettimeofday(&tv2,NULL);
printf("Time of mmap:%dus\n",tv2.tv_usec-tv1.tv_usec);

return 0;
}
```

程序执行结果：

```
Time of read and write: 323us
Time of mmap: 176us
```

这个内存映射的例子即是分别就调用系统调用进行写数据和运用内存映射进行数据同步。使用 write 函数将 10 000 个自增的数写入文件和使用 msync 函数将内存中自增的 10 000 个数同步到文件中。同时对二者的方法进行时间上的统计，从最终的程序运行结果可以发现，使用内存映射方法耗费的时间要远远小于系统调用所需时间，因此我们可以得出结论，当需要大量数据进行内存与磁盘文件间传递时，内存映射是更有效率的方法。

6.3　内存操作函数

内存的操作具体就是针对分配的内存进行诸如比较、复制、赋值等常见的操作，通常一个内存操作有几种不同的函数可供选择。

6.3.1　内存复制

内存复制指的是从源地址复制 n 个数据到目标地址，常用的函数有 bcopy 函数和 memcpy 函数，一般建议使用 memcpy 函数。这两个函数的声明分别如下：

```
void bcopy ( const void * src,void * dest,int n);
void * memcpy( void * dest,const void * src, int n);
```

参数说明如下。
• src：指向源地址的指针。
• dest：指向目标地址的指针。
• n：一次复制的字节长度为 n。

【例 6-4】 内存复制例程。

```c
#include<string.h>
#include <stdio.h>
void main()
{
    char dest[7]="abcdefg";
    char src[7]="hijklmn";
    int i;
    bcopy(src,dest,4);                      /* src 指针放在前 */
    printf("bcopy():");
    for(i=0;i<7;i++)
      printf("%c",dest[i]);
    memcpy(dest,src,4);                     /* dest 指针放在前 */
    printf("\nmemcpy():");
    for(i=0;i<7;i++)
      printf("%c",dest[i]");
}
```

程序执行结果：

```
bcopy():hijkefg
nmemcpy():hijkefg
```

由执行结果可以看出，bcopy 函数与 memcpy 函数都将源地址内存空间里的前 4 个字节 hijk 成功地复制给了目标地址。

6.3.2　向内存赋值

向内存一段空间之中填入某值，常用的函数有 memset 函数和 bzero 函数，其中 memset 函数可以将任意值填入内存中，bzero 函数只能将这一段全部赋值 0，因此建议使用 memset 函数进行操作，二者的函数声明如下：

```
void * memset(void * s,int c,size_t_n);
```

参数说明如下。
- s：内存区域指针。
- n：向内存区域前 n 个字节填入。
- c：为赋值。

```
void bzero(void * s,int n)
```

参数说明如下。
- s：指向内存区域的指针。
- n：向内存区域前 n 个字节填入 0。

【例 6-5】 将内存区域用指定字节填充。

```
#include<string.h>
#include<stdio.h>
void main()
{
    char s[21];
    memset(s,'A',sizeof(s));
    s[20]='\0';
    printf("%s\n",s);
}
```

程序执行结果：

```
AAAAAAAAAAAAAAAAAAAA
```

6.3.3 在某一内存区域查找指定字符

函数声明：

```
void * memchr(const void * s,int c,size_t n);
```

参数说明如下。
- s：指向内存区域首地址的指针。
- n：搜索范围为前 n 个字节，若找到则返回指向该字节的指针；若找不到则返回 0。

【例 6-6】 在内存区域查找字符串。

```
#include <string.h>
#include<stdio.h>
main()
{
    char * s="01234567890123456789012345670890";
    char * p;
    p=memchr(s,'5',10);
    printf("%s\n",p);
}
```

程序执行结果：

```
567890123456789012345670890
```

搜索前 10 个字节，找到了'5'所在的位置，返回指针。

6.3.4 比较内存内容

比较两个内存区域的字符，字符串的比较是以字母在 ASCII 码表上的顺序来进行的，通常采用 memcmp 函数进行比较。需要注意的是, memcmp 函数比较的不是一个个单独的字符, 而是由参数决定的前 n 个字节。

函数声明:

```
int memcmp(const void * s1,const void * s2,size_t n);
```

参数说明如下。
- s1: 第一个内存区域的指针。
- s2: 第二个内存区域的指针。
- n: 比较的区间为前 n 个字符。

【例 6-7】 内存比较例程。

```
#include <stdio.h>
#include <string.h>
int main()
{
    char str1[15];
    char str2[15];
    int ret;
    memcpy(str1, "abcdef", 6);
    memcpy(str2, "ABCDEF", 6);
    ret =memcmp(str1, str2, 5);
    if(ret >0)
    {
        printf("str2 小于 str1");
    }
    else if(ret <0)
    {
        printf("str1 小于 str2");
    }
    else
    {
        printf("str1 等于 str2");
    }
    return(0);
}
```

程序执行结果:

```
str1 小于 str2
```

6.3.5 取得内存分页大小

使用 getpagesize 函数可以获得一个分页的大小, 单位为字节。注意获得的是系统的分页大小, 不一定和硬件的分页大小相同。

函数声明:

```
size_t getpagesize(void);
```

【例 6-8】 获取系统分页的大小。

```
#include <unistd.h>
main()
{
  printf("page size =%d\n", getpagesize());
}
```

程序执行结果：

```
page size=4096
```

即可以说明在 Linux 操作系统中一页的大小为 4096B，即 4KB。

本 章 小 结

本章主要是研究讨论在 Linux 操作系统下用户如何对内存进行操作管理的。在研究内存的操作管理之前首先需要了解 Linux 采用的是什么样的内存管理机制，而后在这个基础上才能去实现 Linux 中对内存的控制操作。Linux 采用的是段页制，但它在分段机制上只保留了最低限度的访问权限和类型，主要还是利用分页方法实现内存管理。简单介绍了 Linux 中虚拟地址空间的划分和对应的物理地址的划分情况，注意虚拟地址与物理地址的划分情况。本章的重点是内存分配与控制，掌握主要的内存分配函数的使用和内存分配函数的异同。了解内存映射的原理及其具体的使用，熟悉常见的内存操作函数的定义及应用情况。

本 章 习 题

1. Linux 中的内存管理机制是什么？
2. Linux 操作系统中虚拟内存空间是如何划分的？
3. 什么是段页式管理方式？其优点是什么？
4. 什么是虚拟内存管理的页面置换功能？常用页面置换算法有哪些？
5. 线性地址如何映射到物理地址？
6. 在用户空间中如何实现内存分配，分别有哪几种方式？它们有什么不同？
7. 什么是内存泄露？如何避免内存泄露？
8. 内存映射相比一般的文件读/写操作，有什么好处？
9. 使用 mmap 函数设计一段程序实现内存映射。
10. 使用内存操作函数完成内存复制操作。

第7章　Linux进程管理

进程管理模块作为 Linux 内核的五大组成模块之一,虽然不像内存管理、虚拟文件系统等模块那样复杂,也不像进程间通信模块那样条理化,但是,它作为五大内核模块的核心模块,对我们理解内核的运作、对我们以后的编程都非常重要。

Linux 内核的进程管理模块主要控制系统进程对 CPU 的访问。当需要某个进程运行时,由进程调度器根据基于优先级的调度算法启动新的进程。可运行进程实际上是仅等待 CPU 资源的进程,如果某个进程在等待其他资源,则该进程是不可运行进程。Linux 使用了比较简单的基于优先级的进程调度算法选择新的进程。

处于中心位置的进程管理模块,所有其他的子系统都依赖它,因为每个子系统都需要挂起或恢复进程。一般情况下,当一个进程等待硬件操作完成时,它被挂起;当操作真正完成时,进程被恢复执行。

本章主要学习以下内容。

- 了解进程的基本概念和分类。
- 掌握常用进程控制函数的使用方法。
- 了解进程同步的概念。

7.1　进　程　概　述

通常来讲,程序是一个包含可以执行代码的静态的文件。进程可以理解为程序执行的实例,它包括可执行程序以及与其他相关的系统资源,如打开的文件、挂起的信号、内核内部数据、处理器状态、内存地址空间及包含全局变量的数据段等。从内核的角度看,进程也可以称为任务。

7.1.1　进程的概念

进程是 20 世纪 60 年代初首先由麻省理工学院的 MULTICS 系统和 IBM 公司的 CTSS/360 系统引入的。在 Linux 操作系统中,进程是操作系统调度的基本单位。创建进程的目的就是可以使多个程序并发地执行,从而可以提高系统的资源利用率和吞吐量。从狭义上来说,进程是指正在运行的程序的实例;从广义上来说,进程是一个具有一定独立功能的程序关于某个数据集合的一次运行活动。它是操作系统动态执行的基本单元,在传统的操作系统中,进程既是基本的分配单元,也是基本的执行单元。

关于进程和程序的区别有以下几点。

（1）程序是指令和数据的有序集合，其本身没有任何运行的含义，是一个静态的概念；而进程是程序在处理机上的一次执行过程，它是一个动态的概念。

（2）程序可以作为一种软件资料长期存在，是永久的；而进程具有生命期，是动态的和暂时的。

（3）程序不能申请系统资源，而且不能被系统调度，也不能作为独立运行的单位，因此，它不占用系统的运行资源。作为资源分配和独立运行的基本单元都是进程。

（4）进程和程序不是一一对应的：一个程序执行后可产生多个进程，即多个进程可由执行同一程序产生；一个进程运行过程中可以执行一个或几个程序。

7.1.2　进程分类

根据进程在 Linux 不同模式下运行分为两类：核心态进程和用户态进程。

（1）内核态进程。这类进程运行在内核模式下，执行一些内核指令（Ring 0）。Ring 0 在处理器的存储保护中，也称为核心态，或者特权态（与之相对应的是用户态），是操作系统内核所运行的模式。运行在该模式的代码，可以无限制地对系统存储、外部设备进行访问。

（2）用户态进程。这类进程工作在用户模式下，执行用户指令（Ring 3）。Ring 3 运行于用户态的代码要受到处理器的诸多检查，它们只能访问映射其地址空间的页表项中规定的在用户态下可访问页面的虚拟地址，且只能对任务状态段（TSS）的 I/O 许可位图（I/O Permission Bitmap）中规定的可访问端口进行直接访问。

虽然用户态下和内核态下工作的程序有很多差别，但最重要的差别就在于特权级的不同，即权限的不同。运行在用户态下的程序不能直接访问操作系统内核数据结构和程序。

当在系统中执行一个程序时，大部分时间是运行在用户态下的，在其需要操作系统帮助完成某些它没有权力和能力完成的工作时就会切换到内核态。如果用户态的进程要执行一些核心态的指令，此时就会产生系统调用，系统调用会请求内核指令完成相关的请求，就执行的结果返回给用户态进程。

在 Linux 操作系统中，根据进程的特点，可以把进程分为 3 类：交互进程、批处理进程与守护进程。

（1）交互进程。交互进程是由 Shell 终端启动的进程，它既可以在前台运行，也可以在后台运行。交互进程在执行的过程当中，需要与用户进行交互操作。用户需要给出某些参数或者信息，进程才能继续进行。

（2）批处理进程。批处理进程与 Windows 操作系统的批处理很类似，是一个进程集合，负责按顺序启动其他的进程。

（3）守护进程。守护进程是一种开机后一直运行的进程。它是实现特定功能或者执行系统相关任务的后台进程。经常在 Linux 操作系统启动时启动，在系统关闭时终止。它们独立于控制终端并且周期性地执行某种任务或者等待处理某些发生的事件。例如，httpd 进程，一直处于运行状态，等待用户的访问。还有经常用的 crond 进程，这个进程类似于 Windows 的计划任务，可以周期性地执行用户设定的某些任务。

根据进程状态的不同，把进程分为另外 3 类：守护进程、孤儿进程和僵尸进程。

（1）守护进程。所有守护进程都可以超级用户（用户 ID 为 0）的优先权运行；守护进程没有控制终端;守护进程的父进程都是 init 进程(1 号进程)。并不是所有在后台运行的进程都是守护进程,用户可以使用符号"&"来使进程在后台运行。

(2) 孤儿进程。一个父进程退出后,它的一个或多个子进程还在运行,那么这些子进程将称为孤儿进程。孤儿进程将被 init 进程所收养,并由 init 进程对它们完成状态收集工作。

(3) 僵尸进程。一个子进程结束但是没有完全释放内存(在内核中的 task_struct 没有释放),该进程就称为僵尸进程。当僵尸进程的父进程结束后该僵尸进程就会被 init 进程所收养,最终被回收。僵尸进程会导致资源的浪费,而孤儿进程不会。

7.1.3　进程属性

进程属性都被保存在一个被称为进程控制块(Process Control Block,PCB)的结构体中,每个进程在内核中都有一个进程控制块来维护进程相关的信息。从本质上来讲,Linux 内核的进程控制块是 task_struct 结构体,其中包括进程标识符(Process Identifier,PID)、进程组、进程环境、进程的运行状态等。task_struct 是 Linux 内核的一种数据结构,它会被装载到 RAM 里并且包含着进程的信息。每个进程都把它的信息放在 task_struct 这个数据结构里,并且可以在 include/linux/sched.h 里找到它。所有运行在系统里的进程都以 task_struct 链表的形式存在内核里。

1. 进程标识符

进程描述 task_struct 结构体中的 pid 字段可以唯一标识一个进程,称为进程标识符 PID。进程最主要的属性就是进程号(PID)和它的父进程号(Parent Process ID,PPID),PID 和 PPID 都是非零正整数。从进程 ID 的名字就可以看出,它就是进程的身份证号码,每个人的身份证号码都不会相同,每个进程的进程 ID 也不会相同。系统调用 getpid 函数来获得进程标识符。

一个 PID 唯一地标识一个进程。一个进程创建一个新进程称为创建子进程,创建子进程的进程称为父进程。所有的进程都是 PID 为 1 的 init 进程的后代。内核在系统启动的最后阶段启动 init 进程。

一般每个进程都会有父进程,父进程与子进程之间是管理与被管理的关系,当父进程停止时,子进程也随之消失,但子进程关闭,父进程不一定终止。

【例 7-1】 运用 getpid 函数和 getppid 函数获得当前进程 PID 与 PPID。

```
[root@localhost ~]#cat process.c
#include<stdio.h>
#include<unistd.h>
#include<stdlib.h>
int main()
{
    printf("PID =%d\n",getpid());
    printf("PPID =%d\n",getppid());
    exit(0);
}
[root@localhost ~]#gcc -o process process.c
[root@localhost ~]#./process
```

```
PID =3056
PPID =2936
```

2. 用户标识符

用户标识符(User Identifier,UID)标识创建这个进程的用户。在 PCB 中,还有 euid,即有效用户标识符,表示以有效的权限发起进程的用户。

3. 进程状态

为了对进程从产生到消亡的这个动态变化过程进行捕获和描述,就需要定义进程各种状态并制定相应的状态转换策略,以此来控制进程的运行。

task_struct 中用 state 来描述进程的当前状态。进程的状态一共有以下 5 种,而进程必然处于其中一种状态。

(1) 运行状态(TASK_RUNNING)。当进程正在被 CPU 执行,或已经准备就绪随时可由调度程序执行,则称该进程为处于运行状态(Running)。进程可以在内核态运行,也可以在用户态运行。当系统资源已经可用时,进程就被唤醒而进入准备运行状态,该状态称为就绪态。运行状态是进程在用户空间中执行唯一可能的状态,也可以应用到内核空间中正在执行的进程。

(2) 可中断睡眠状态(TASK_INTERRUPTIBLE)。当进程处于可中断等待状态时,系统不会调度该进程执行。当系统产生一个中断或者释放了进程正在等待的资源,或者进程收到一个信号,都可以唤醒进程转换到就绪状态(运行状态)。

(3) 不可中断睡眠状态(TASK_UNINTERRUPTIBLE)。该状态与可中断睡眠状态类似。但处于该状态的进程只有被使用 wake_up 函数明确唤醒时才能转换到可运行的就绪状态。

(4) 暂停状态(TASK_STOPPED)。当进程收到信号 SIGSTOP、SIGTSTP、SIGTTIN 或 SIGTTOU 时就会进入暂停状态。可向其发送 SIGCONT 信号让进程转换到可运行状态。

(5) 僵尸状态(TASK_ZOMBIE)。当进程已停止运行,但其父进程还没有询问其状态时,则称该进程处于僵尸状态。

进程状态转换图如图 7-1 所示。

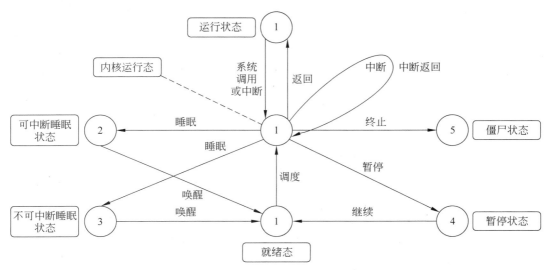

图 7-1　进程状态转换图

7.2 进程控制函数

进程是一个具有一定独立功能的程序的一次运行活动,同时也是资源分配的最小单元。进程的生命周期:创建、运行与撤销。进程控制原语,主要包括进程的创建与退出,以及设置除进程标识符(PID)以外的其他标识符。

7.2.1 fork 函数

Linux 操作系统允许任何一个用户进程创建一个子进程,创建成功后,子进程存在于系统之中,并且独立于父进程。该子进程可以接受系统调度,可以得到分配的系统资源。系统也可以检测到子进程的存在,并且赋予它与父进程同样的权利。

Linux 操作系统下使用 fork 函数创建一个子进程,其函数原型如下:

```
#include <unistd.h>
pid_t fork(void);
```

调用 fork 函数创建的子进程,将共享父进程的代码空间,复制父进程数据空间,如堆栈等。fork 函数的特点主要是"调用一次,返回两次",在父进程中调用一次,在父进程和子进程中各返回一次。两次返回的唯一区别是子进程的返回值是 0,而父进程的返回值则是新子进程的进程 ID。这样做的目的是一个进程的子进程可以有多个,但是父进程无法通过函数调用获取子进程 ID,而子进程的父进程只有一个,可以调用函数 getppid 获得父进程 ID。

在使用 fork 函数时通常有以下两种用法。

(1) 一个父进程希望复制自己,使父子进程分别执行不同的代码。例如,在网络服务中,父进程等待客户端请求,当请求到达时,创建子进程执行此请求,而父进程继续等待。

(2) 一个进程要执行一个不同的程序。在这种情况下,子进程从 fork 函数返回后立即调用 exec 函数(创建了一个全新进程),子进程在 fork 函数和 exec 函数之间可以更改自己的属性。例如,在 Shell 中,子进程创建后立即调用 exec 函数。

一个进程调用 fork 函数后,系统先给新的进程分配资源,例如,存储数据和代码的空间,然后把原来的进程的所有变量都复制到新进程中,只有少数变量与原来的进程的变量不同,相当于克隆了一个自己。

【例 7-2】 fork 函数实例。

```
[root@localhost ~]#cat fork.c
#include <unistd.h>
#include <stdio.h>
int main()
{
    pid_t fpid;                     //fpid 表示 fork 函数返回的值
    int count=0;
    fpid=fork();
```

```
    if (fpid < 0)
        printf("error in fork!");
    else if (fpid == 0) {
        printf("i am the child process, my process id is %d\n",getpid());
        count++;
    }
    else {
        printf("i am the parent process, my process id is %d\n",getpid());
        count++;
    }
    printf("统计结果是: %d\n",count);
    return 0;
}
[root@localhost ~]#gcc -o fork fork.c
[root@localhost ~]#./fork
i am the parent process, my process id is 3935
统计结果是: 1
[root@localhost ~]#i am the child process, my process id is 3936
统计结果是: 1
```

通过上述示例可以看到,在语句 fpid＝fork()之前,只有一个进程在执行这段代码,但在这条语句之后,就变成两个进程在执行了,这两个进程几乎完全相同。但是执行结果显示两个进程的 PID 不同,这就与 fork 函数的特性有关。

在之前已经了解过 fork 函数的特点主要是"调用一次,返回两次",而它可能会有 3 种不同的返回值。

(1) 在父进程中,fork 函数返回新创建子进程的进程 ID。

(2) 在子进程中 fork 函数返回 0。

(3) 如果出现错误,fork 函数返回一个负值。

在 fork 函数执行完毕后,如果创建新进程成功,则出现两个进程,一个是子进程;一个是父进程。在子进程中,fork 函数返回 0;在父进程中,fork 函数返回新创建子进程的进程 ID。我们可以通过 fork 函数返回的值来判断当前进程是子进程还是父进程。

7.2.2　vfork 函数

vfork 函数和 fork 函数一样都是在已有的进程中创建一个新的进程,但是 vfork 函数同 fork 函数有些不同:对于 fork 函数来说,父子进程的执行次序不确定,而且子进程复制父进程的进程数据段。但是,vfork 函数会保证子进程先运行,在它调用 exec 函数或者 exit 函数之后父进程才可能被调度运行,子进程在调用 exec 函数或 exit 函数之前与父进程数据是共享的。

vfork 函数原型如下:

```
#include <sys/types.h>
#include <unistd.h>
pid_t vfork(void);
```

vfork 函数调用成功时,子进程返回 0,父进程返回子进程 ID。

【例 7-3】 vfork 函数实例。

```
[root@localhost ~]#cat vfork.c
#include <stdio.h>
#include <stdlib.h>
#include <unistd.h>
int main(int argc, char * argv[])
{
    pid_t pid;
    int count=0;
    pid =vfork();                          //创建进程
    if(pid <0){                            //如果出错,输出错误信息
        perror("vfork");
    }
    if(pid ==0{                            //子进程
        sleep(3);                         //延时 3s
        count ++;
        printf("i am son,count:%d",count);
        exit(0);                          //退出子进程,必须
    }else if(pid >0){                      //父进程
        count++;
        printf("i am father,count:%d",count);
    }

    return 0;
}
[root@localhost ~]#gcc -o vfork vfork.c
[root@localhost ~]#./vfork
i am son,count:1
i am father,count:2
```

在上述代码中可以看出,让子进程睡眠 3s 后执行 count ++ 和 printf 语句,父进程没有任何延迟,但是父进程依然在子进程执行完调用 exit 函数之后才执行 count ++ 和 printf 语句,并且子进程和父进程共享了变量 count。

7.2.3　system 函数

system 函数会调用 fork 函数产生子进程,由子进程调用/bin/sh -c string 来执行参数 string 字符串所代表的命令,此命令执行完后随即返回原调用的进程。

system 函数原型如下:

```
#include <stdlib.h>
int system(const char * command);
```

如果 system 函数在调用/bin/sh 时失败则返回 127,其他失败原因返回 -1。若参数 string 为空指针(NULL),则返回非零值。如果 system 函数调用成功则最后会返回执行 Shell 命令后的返回值,但是此返回值也有可能为 system 函数调用/bin/sh 失败所返回的

127,因此最好能再检查 errno 来确认执行成功。

【例 7-4】 system 函数实例。

```
[root@localhost ~]#cat system.c
#include<stdlib.h>
main()
{
system("ls -al /etc/passwd /etc/shadow");
}
[root@localhost ~]gcc-o system system.c
[root@localhost ~]#./system
-rw-r--r--. 1 root root 1435 Dec 18 03:05 /etc/passwd
----------. 1 root root  816 Dec 18 03:05 /etc/shadow
```

7.2.4 execve 函数

execve 函数最大的作用在于可以取代调用进程的内容,子进程可以调用 execve 函数执行另一个程序。当调用 execve 函数时,进程执行的程序完全被替换为新程序,但其进程 ID 并不变,只是用新程序替换了当前进程的正文、数据、堆和栈段。execve 函数族的工作过程与 fork 函数完全不同,fork 函数是在复制一份原进程,而 execve 函数是用第一个参数指定的程序覆盖现有进程空间。

execve 函数原型如下:

```
#include <unistd.h>
int execve(const char * filename, const char * argv[], const char * envp[]);
```

函数的第 1 个参数 filename 是可执行程序文件名称;第 2 个参数 argv 是需要传递给可执行程序的参数;第 3 个参数是环境变量数组,第 2、3 个参数都需要有空指针(NULL)为结束标识。如果调用成功则加载新的程序从启动代码开始执行,不再返回;如果调用出错则返回-1,所以 execve 函数只有出错的返回值而没有成功的返回值。

【例 7-5】 有个乘法程序,从命令行接收两个数,输出其乘积。

```
[root@localhost ~]#cat mult.c
#include<stdio.h>
#include<stdlib.h>
#include<string.h>
int main(int argc, char * argv[])
{
  int a =atoi(argv[1]);
  int b =atoi(argv[2]);
  printf("%d * %d =%d",a,b,a * b);
  return 0;
}
[root@localhost ~]#gcc -o mult mult.c
```

首先通过编译得到 mult；其次在 main 函数中调用 mult 程序计算 2 与 10 的乘积。

```
[root@localhost ~]#cat main.c
#include<stdio.h>
#include<stdlib.h>
#include<string.h>
#include<unistd.h>
int main(int argc, char * argv[])
{
    char * argv1[]={"mult","2","10",NULL};
    char * envp[]={"PATH=/root",NULL};
    execve("/root/mult",argv1,envp);
    return 0;
}
[root@localhost ~]#gcc -o main main.c
[root@localhost ~]#./main
2 * 10 =20
```

在运行 main 函数时，通过 execve 函数调用 mult 程序，并将参数 2、10 传给 mult，得到运行结果。

除了 execve 函数外，Linux 操作系统还有 execl、execle、execlp、execv、execvp 5 个与execve 功能类似的函数，也可以通过它们来调用外部程序，区别只是参数形式的不同。实际上，只有 execve 函数是真正意义上的系统调用，其他 5 个函数是经过包装的库函数，最终还是调用了 execve 函数。这些函数名称的含义是指：带"l"表示函数调用时以列表形式传递参数；带"v"表示函数调用时以数组形式传递参数；带"e"表示要将环境变量传递给函数；带"p"表示第 1 个参数 filename 不用输入完整路径，只要给出命令名即可，它会在环境变量PATH 当中查找命令。

其函数原型和使用例子如下。

（1）int execl(const char * filename, const char * arg, …, NULL)；

函数调用时以列表形式传递参数，使用范例：

```
execl("/bin/ls", "ls", "-al", NULL) ;
```

（2）int execle(const char * filename, const char * arg0, …, NULL, char * const envp[])；

函数调用时以列表形式传递参数，调用时的环境变量使用参数传递过来的环境变量，使用范例：

```
char * envp[]={"PATH=/bin",NULL};
execle("/bin/ls", "ls", "-al", NULL, envp) ;
```

（3）int execlp(const char * filename, const char * arg0, …, NULL)；

函数调用时以列表形式传递参数，第 1 个参数 filename 不用输入完整路径，只要给出命令名即可，它会在环境变量 PATH 当中查找命令，使用范例：

```
execlp("ls", "ls", "-al", NULL);
```

（4）int execv(const char * filename, const char * argv[]);

函数调用时以数组形式传递参数,使用范例:

```
char * argv_execv[]={"ls", "-al",, NULL};
execv("/bin/ls", argv_execv);
```

（5）int execvp(const char * filename, const char * argv[]);

函数调用时以数组形式传递参数,第1个参数 filename 不用输入完整路径,只要给出命令名即可,它会在环境变量 PATH 当中查找命令,使用范例:

```
char * argv_execvp[]={"ls", "-al", NULL};
execvp("ls", argv_execvp);
```

7.2.5 getpid 函数

getpid 函数的功能是获取当前进程的进程号,其函数原型如下:

```
#include <unistd.h>
pid_t getpid (void);
```

返回值就是当前进程的进程号。

7.2.6 getppid 函数

getppid 函数的功能是获取当前进程父进程的进程号,其函数原型如下:

```
#include <unistd.h>
pid_t getppid (void);
```

返回值就是当前进程父进程的进程号。

例如,在程序中获取进程 ID 和父进程 ID:

```
[root@localhost ~]#cat getpid.c
#include <unistd.h>
#include <stdio.h>
int main()
{
    printf("进程 ID =%d, 父进程 ID =%d\n", getpid(), getppid());
    return 0;
}
[root@localhost ~]gcc -o getpid getpid.c
[root@localhost ~]#./getpid
进程 ID =4811, 父进程 ID =3601
```

7.2.7　exit 函数

进程退出的方式有以下 5 种。

（1）main 函数的自然返回。

（2）调用 exit 函数。

（3）调用_exit 函数。

（4）调用 abort 函数。

（5）接收到能导致进程终止的信号 Ctrl＋C（SIGINT）、Ctrl＋\（SIGQUIT）。

在这 5 种方式当中，前 3 种方式为正常的终止，后两种为非正常终止方式。但是无论哪种方式，进程终止时都将执行相同的关闭打开的文件操作，释放占用的内存等资源。只是后两种终止会导致程序有些代码不会正常地执行，比如对象的析构、atexit 函数的执行等。

exit 函数和_exit 函数都是用来终止进程的。当程序执行到 exit 函数和_exit 函数时，进程会无条件地停止剩下的所有操作，清除包括 PCB 在内的各种数据结构，并终止本程序的运行。

exit 函数和_exit 函数的原型如下：

```
#include <stdlib.h>
void exit(int status);
#include <unistd.h>
void _exit(int status);
```

从图 7-2 中可以看出，_exit 函数的作用是：直接使进程停止运行，清除其使用的内存空间，并清除其在内核的各种数据结构；exit 函数则在这些基础上做了一些操作，在执行退出之前还加了若干道工序。exit 函数与_exit 函数的最大区别在于 exit 函数在调用 exit 系统调用前要检查文件的打开情况，把文件缓冲区中的内容写回文件，也就是图中的"清除 I/O 缓存"。因此如果想保证数据的完整性，建议使用 exit 函数。

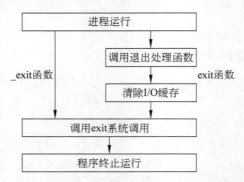

图 7-2　exit 函数和_exit 函数退出程序的过程

如 printf(const char ＊ fmt,…)函数使用的是缓冲 I/O 方式，该函数在遇到"\n"换行符时自动从缓冲区中将记录读出。在例 7-6 中，exit(0)将"This is the content in buffer"打印

出来了,说明 exit(0)会在终止进程前,将缓冲 I/O 内容清除掉,所以即使 printf 函数里面没有"\n"换行符,也会打印出"This is the content in buffer";而例 7-7 中的_exit(0)是直接终止进程,并未将缓冲 I/O 内容清除掉,所以不会打印出"This is the content in buffer"。

【例 7-6】 exit 函数实例。

```
[root@localhost ~]#cat exit.c
#include<stdio.h>
#include<stdlib.h>
int main()
{
    printf("Using exit...\n");
    printf("This is the content in buffer");
    exit(0);
}
[root@localhost ~]#gcc -o exit exit.c
[root@localhost ~]#./exit
Using exit...
This is the content in buffer
```

【例 7-7】 _exit 函数实例。

```
[root@localhost ~]#cat exit1.c
#include<stdio.h>
#include<unistd.h>
int main()
{
    printf("Using _exit...\n");
    printf("This is the content in buffer");
    _exit(0);
}
[root@localhost ~]#gcc -o exit1 exit1.c
[root@localhost ~]#./exit1
Using _exit...
```

7.3　进　程　同　步

在多道程序环境下,进程是并发执行的,父进程和子进程之间可能没有交集,各自执行各自的任务。但是,不同进程之间存在着不同的相互制约关系,子进程的执行结果可能是父进程的下一步操作的决定条件。在这种情况下,父进程就必须等待子进程的进行。

异步环境下的一组并发进程因直接制约而相互发送消息,进行相互合作、相互等待,使各进程按一定的速度执行的过程称为进程间的同步。具有同步关系的一组并发进程称为合作进程,合作进程间相互发送的信号称为消息或事件。如果对一条消息或事件赋以唯一的消息名,则可用过程 wait(消息名)表示进程等待合作进程发来的消息,而用过程 signal(消息名)表示向合作进程发送消息。

一个进程在终止时会关闭所有文件描述符,释放在用户空间分配的内存,但它的 PCB 还保留着,内核在其中保存了一些信息:如果是正常终止则保存着退出状态;如果是异常终止则保存着导致该进程终止的信号是哪个。这个进程的父进程可以调用 wait 或 waitpid 获取这些信息,然后彻底清除掉这个进程。我们知道一个进程的退出状态可以在 Shell 中用特殊变量" $?"查看,因为 Shell 是它的父进程,当它终止时 Shell 调用 wait 或 waitpid 得到它的退出状态同时彻底清除掉这个进程。

如果一个进程已经终止,但是它的父进程尚未调用 wait 或 waitpid 对它进行清除,这时的进程状态称为僵尸(Zombie)进程。

7.3.1　wait 函数

wait 函数存在于系统函数 sys/wait.h 中,函数原型如下:

```
#include <sys/types.h>
#include <sys/wait.h>
pid_t wait(int * status);
```

wait 函数用于使父进程(也就是调用 wait 函数的进程)进入阻塞状态,直到一个子进程变为僵尸状态,wait 函数捕捉到该子进程的退出信息时才会转为运行态,回收子进程资源并且返回。如果没有变为僵尸状态的子进程,wait 函数会让进程一直阻塞。如果该父进程没有子进程或者它的子进程已经结束,则 wait 函数就会立即返回并且使进程恢复执行。

函数中的参数 status 是一个整型指针,是该子进程退出时的状态。若 status 不为空,则通过它可以获得子进程的结束状态。另外,子进程的结束状态可由 Linux 中一些特定的宏来测定。Linux 提供了一些非常有用的宏来帮助解析这个状态信息,这些宏都定义在 sys/wait.h 头文件中,主要的宏如表 7-1 所示。

表 7-1　常用的宏及其说明

宏	说　　明
WIFEXITED（status）	如果子进程正常结束,它就返回真;否则返回假
WEXITSTATUS（status）	如果 WIFEXITED(status)为真,则可以用该宏取得子进程 exit 函数返回的结束代码
WIFSIGNALED（status）	如果子进程因为一个未捕获的信号而终止,它就返回真;否则返回假
WTERMSIG（status）	如果 WIFSIGNALED(status)为真,则可以用该宏获得导致子进程终止的信号代码
WIFSTOPPED（status）	如果当前子进程被暂停了,则返回真;否则返回假
WSTOPSIG（status）	如果 WIFSTOPPED(status)为真,则可以使用该宏获得导致子进程暂停的信号代码

若 wait 函数调用成功则返回已清除的子进程 ID;若调用出错则返回-1。

【例 7-8】 使用 wait 函数同步进程,并使用宏获取子进程的返回值。

```
[root@localhost ~]#cat wait.c
#include <stdio.h>
#include <stdlib.h>
#include <string.h>
#include <unistd.h>
#include <errno.h>
#include <sys/types.h>
#include <sys/wait.h>
int main(int arg,char * args[])
{
    pid_t pid=fork();
    if(pid==-1)
    {
        printf("fork() failed ! error message:%s\n",strerror(errno));
        return -1;
    }
    if(pid>0)
    {

        int status=0;
        printf("父进程\n");
        wait(&status);
        if(WIFEXITED(status))//WIFEXITED 宏的释义: wait if exit ed
        {
        printf("子进程返回信息码:%d\n",WEXITSTATUS(status));
        }else if(WIFSIGNALED(status))
        {
        printf("子进程信号中断返回信息码:%d\n",WTERMSIG(status));
        }else if(WIFSTOPPED(status))
        {
        printf("子进程暂停返回信息码:%d\n",WSTOPSIG(status));
        }else
        {
        printf("其他退出信息!\n");
        }
    }else if(pid==0)
    {
        printf("i am child !\n");
        abort();
    }
    printf("game is over!\n");
    return 0;
}
[root@localhost ~]#gcc -o wait wait.c
[root@localhost ~]#./wait
父进程
i am child !
```

```
子进程信号中断返回信息码:6
game is over!
```

wait 函数成功则返回等待子进程的 pid;失败则返回-1。

7.3.2　waitpid 函数

wait 函数具有一定的局限性,如果当前进程有多个子进程,那么该函数就无法确保作为先决条件的子进程在父进程之前执行,此时就可以使用 waitpid 函数实现进程同步。

waitpid 函数的原型如下:

```
#include <sys/types.h>
#include <sys/wait.h>
pid_t waitpid(pid_t pid, int * status, int options);
```

waitpid 函数与 wait 函数不同的是:多两个参数 pid 和 options。

参数 pid 一般是进程的 PID,但是也会有其他的取值。参数 pid 的取值及其含义如表 7-2 所示。

表 7-2　参数 pid 的取值及其含义

参　数	含　义
pid>0	只等待进程 PID 与该参数 pid 相等的子进程,不管是否已经有其他的子进程运行结束退出,只要指定的子进程还没有结束,waitpid 函数就会一直等待该进程
pid=0	等待同一进程组的所有子进程,如果子进程加入了其他的进程组,waitpid 函数将不再关心它的状态
pid=-1	等待任何一个子进程退出,此时作用和 wait 函数作用相同
pid<-1	等待同一进程组的任何子进程,进程组的 ID 等于 pid 的绝对值

参数 options 提供控制 waitpid 的选项,该选项是一个常量或者由|连接的两个常量。该参数支持的选项如表 7-3 所示。

表 7-3　参数 options 的取值及其含义

参　数	含　义
WNOHANG	如果由 pid 指定的子进程没有结束,则 waitpid 函数不阻塞而立即返回,此时返回值为 0
WUNTRACED	为了实现某种操作,由 pid 指定的任一进程已被暂停,其状态自暂停以来还未报告过,则返回其状态

waitpid 函数的返回值会出现以下 3 种情况。

(1) 正常返回时,waitpid 函数返回捕捉到的子进程的 pid。

(2) 如果参数 options 使用选项 WNOHANG 并且没有子进程退出,则返回 0。

(3) 如果调用过程出错,则返回-1。

当 pid 所指示的子进程不存在,或此进程存在,但不是调用进程的子进程,waitpid 函数就会出错返回,这时 errno 被设置为 ECHILD。

【例 7-9】 使用 waitpid 函数同步进程。

```
[root@localhost ~]#cat waitpid.c
#include <sys/types.h>
#include <stdio.h>
#include <sys/wait.h>
#include <stdlib.h>
#include <unistd.h>
int main()
{
    pid_t pc, pr;
    pc=fork();
    if(pc<0){
        /* 如果 fork 出错 */
        printf("Error occured on forking.\n");
    }else if(pc==0){
        /* 如果是子进程 */
        sleep(10);
        /* 睡眠 10s */
        exit(0);
    }
    /* 如果是父进程 */
    do{
        pr=waitpid(pc,NULL, WNOHANG);
        /* 使用了 WNOHANG 参数,waitpid 不会在这里等待 */
        if(pr==0){
        /* 如果没有收集到子进程 */
        printf("No child exited\n");
        sleep(1);
        }
    }  while(pr==0);
    /* 没有收集到子进程,就回去继续尝试 */
    if(pr==pc)
        printf("successfully get child %d\n", pr);
    else
        printf("some error occured\n");
}
[root@localhost ~]#gcc -o waitpid waitpid.c
[root@localhost ~]#./waitpid
No child exited
No child exited
No child exited
No child exited
No child exited
No child exited
No child exited
No child exited
No child exited
No child exited
successfully get child 3689
```

从上述例子中可以看到,父进程一直在等待子进程结束。

当父进程的所有子进程都还在运行时,父进程调用 wait 函数或 waitpid 函数时可能会阻塞。当其中一个子进程已经终止,正等待父进程读取其终止信息,带子进程的终止信息立即返回。如果父进程没有任何子进程,出错时会立即返回。

wait 函数和 waitpid 函数的区别:如果父进程的所有子进程都还在运行,调用 wait 函数将使父进程阻塞,而调用 waitpid 函数时如果在 options 参数中指定 WNOHANG 可以使父进程不阻塞而立即返回 0;wait 随机地等待第一个终止的子进程,并返回该子进程的 pid。而 waitpid 可以通过 pid 参数指定等待哪一个子进程,如果为 −1 则表示等待所有子进程。

本 章 小 结

本章主要讲解了 Linux 进程管理模块的一些相关知识。主要内容包括进程的概念及分类、进程的控制和进程的调度机制。通过设计多进程的程序,可以并发运行多个子进程,充分发挥 Linux 操作系统多任务的特点,增强程序功能,提升程序效率。而多进程编程的关键是实现进程同步,多个进程在运行时通常需要互相通信、互相等待、互相协作,只有解决好这些问题,多进程才能在操作系统中协调地运行。

本 章 习 题

1. 什么是进程?进程与程序的区别是什么?

2. 一个进程会有哪几种基本的状态?为什么必须区分进程的这几种状态?

3. 在 Linux 操作系统中,用于进程控制的原语主要有哪几个?每种原语的执行将使进程的状态发生什么变化?

4. Linux 中进程控制块 PCB 的作用是什么?它与进程有什么联系?

5. 简述进程的启动、终止方式,以及如何查看进程状态。

6. 对于进程来说,前台、后台的含义是什么?如何进行切换?

7. 进程的标识作用是什么?Linux 进程的标识有几种?

8. 编写程序,在程序中创建一个子进程,使父进程和子进程分别打印不同的内容。

9. 编写程序,在程序中创建一个子进程,使子进程通过 exec 更改代码段,执行 exec 命令。

10. 编写程序,使用 waitpid 函数不断获取某进程中子进程的状态。

第8章 信号

在 Windows 操作系统中,当我们无法正常结束一个程序的时候,可以启动任务管理器强制结束这个进程。在 Linux 操作系统中是通过生成信号和捕获信号来实现的,运行中的进程捕获到这个信号然后作出规定的操作并最终被终止。

信号是 Linux 编程中非常重要的一部分。在 UNIX 和 Linux 操作系统中,信号是系统响应某些条件而产生的一个事件,接收到该信号的进程会相应地采取一些行动。通常信号是由进程的非法指令、致命运算等错误产生的。但它们还可以作为进程间通信或修改行为的一种方式,明确地由一个进程发送给另一个进程。一个信号的产生叫生成,接收到一个信号叫捕获。

本章主要学习以下内容。

- 了解信号的概念与信号产生的条件。
- 熟练掌握信号操作相关函数。

8.1 信号的概念

信号机制是进程之间相互传递消息的一种方法。信号的全称为软中断信号(软中断)。信号用来通知进程发生了异步事件。进程之间可以相互通过系统调用 kill 发送软中断信号。内核也可以因为内部事件而给进程发送信号,通知进程发生了某个事件(信号只是用来通知某进程发生了什么事件,并不给该进程传递任何数据)。

信号是操作系统正常运行的一个必不可少的工具。每个信号都有一个名字,并且大写的英文字母,开头都是 SIG。我们在 Linux 操作系统下可以调用 kill-l 命令来查看所有信号。

【例 8-1】 kill -l 查看命令。

```
[root@localhost ~]#kill -l
 1) SIGHUP        2) SIGINT        3) SIGQUIT       4) SIGILL        5) SIGTRAP
 6) SIGABRT       7) SIGBUS        8) SIGFPE        9) SIGKILL      10) SIGUSR1
11) SIGSEGV      12) SIGUSR2      13) SIGPIPE      14) SIGALRM      15) SIGTERM
16) SIGSTKFLT    17) SIGCHLD      18) SIGCONT      19) SIGSTOP      20) SIGTSTP
21) SIGTTIN      22) SIGTTOU      23) SIGURG       24) SIGXCPU      25) SIGXFSZ
26) SIGVTALRM    27) SIGPROF      28) SIGWINCH     29) SIGIO        30) SIGPWR
31) SIGSYS       34) SIGRTMIN     35) SIGRTMIN+1   36) SIGRTMIN+2  37) SIGRTMIN+3
38) SIGRTMIN+4  39) SIGRTMIN+5  40) SIGRTMIN+6  41) SIGRTMIN+7
42) SIGRTMIN+8  43) SIGRTMIN+9  44) SIGRTMIN+10 45) SIGRTMIN+11
46) SIGRTMIN+12 47) SIGRTMIN+13 48) SIGRTMIN+14 49) SIGRTMIN+15
50) SIGRTMAX-14 51) SIGRTMAX-13 52) SIGRTMAX-12 53) SIGRTMAX-11
54) SIGRTMAX-10 55) SIGRTMAX-9  56) SIGRTMAX-8  57) SIGRTMAX-7
```

58) SIGRTMAX-6   59) SIGRTMAX-5   60) SIGRTMAX-4   61) SIGRTMAX-3
62) SIGRTMAX-2   63) SIGRTMAX-1   64) SIGRTMAX

所有信号的编号是从 1~64,但是没有 32、33,所以信号共有 62 个。将 1~31 号信号称为常规信号,34~64 号信号称为实时信号。在使用这些信号的时候可以直接使用这些编号,也可以使用这些宏。

Linux 操作系统中的常规信号及其含义如表 8-1 所示。

表 8-1　Linux 系统中的常规信号及其含义

信号名称	值	默认动作	含义
SIGHUP	1	T	用户终端连接(正常或非正常)结束时发出
SIGINT	2	T	用户输入 INTR 字符(通常是 Ctrl+C 组合键)时发出,用于通知前台进程组终止进程
SIGQUIT	3	T	用户输入 QUIT 字符(通常是 Ctrl+\组合键)时发出,用于通知前台进程组终止进程
SIGILL	4	T	CPU 检测到某程序执行了非法指令
SIGTRAP	5	D	由断点指令或其他 trap 指令产生
SIGABRT	6	D	调用 abort 函数时产生该信号
SIGBUS	7	T	非法访问内存地址
SIGFPE	8	D	在发生致命的算术运算错误时发出
SIGKILL	9	T	用来立即结束程序的运行。本信号不能被忽略、处理和阻塞
SIGUSR1	10	T	用户自定义信号 1
SIGSEGV	11	D	非法访问未授权内存时发出
SIGUSR2	12	T	用户自定义信号 2
SIGPIPE	13	T	管道破裂
SIGALRM	14	T	定时器在指定时间未发出
SIGTERM	15	T	程序结束信号,与 SIGKILL 不同的是该信号可以被阻塞和处理
SIGSTKFLT	16	T	堆栈错误(Linux 早期版本信号,现仍保留向后兼容)
SIGCHLD	17	I	子进程结束时,父进程会收到这个信号
SIGCONT	18		使暂停的进程继续运行
SIGSTOP	19	P	停止进程的进行,此信号不能被忽略、处理和阻塞
SIGTSTP	20	P	停止进程的运行,该信号可以被处理和忽略
SIGTTIN	21	P	后台进程读终端控制台
SIGTTOU	22	P	后台进程向终端输出数据时发生
SIGURG	23	I	socket 有"紧急"数据
SIGXCPU	24	T	超过 CPU 时间资源限制
SIGXFSZ	25	T	进程文件超过文件大小资源限制
SIGVTALRM	26	T	虚拟时钟超时时产生该信号
SIGPROF	27	T	类似于 SIGALRM/SIGVTALRM,但包括该进程用的 CPU 时间以及系统调用的时间
SIGWINCH	28	I	窗口大小改变时发出

续表

信号名称	值	默认动作	含　义
SIGIO	29	T	异步 I/O 事件发生时发出
SIGPWR	30	T	关机
SIGSYS	31	T	非法的系统调用

8.1.1　信号的状态

信号的产生是一个异步事件，从信号的产生到信号送达进程会有一定的时间，在这个时间过程中，可能会出现一些原因导致信号无法成功地送达进程。在 Linux 操作系统中信号可能出现以下几个状态。

（1）发送状态：当某种情况驱使内核发送信号时，信号就会有一个短暂的发送状态。

（2）信号递达：实际执行信号的处理动作称为信号递达（Delivery）。

（3）信号未决：从信号的产生到信号递达的这段时间中的状态，称为信号未决（Pending）。进程可以选择阻塞（Block）某个信号。被阻塞的信号产生时将保持在未决状态，直到进程解除对此信号的阻塞才执行递达的动作。信号阻塞和忽略是不同的，只要信号被阻塞就不会递达，而忽略是在递达之后可选的一种处理动作。

每个信号都有两个标志位分别表示阻塞和未决，还有一个函数指针表示处理动作。信号产生时，内核在进程控制块中设置该信号的未决标志，直到信号递达才清除该标志。未决和阻塞标志可以用相同的数据类型 sigset_t 来存储。sigset_t 称为信号集，这个类型可以表示每个信号的"有效"或"无效"状态，在阻塞信号集中"有效"和"无效"的含义是该信号是否被阻塞，而在信号未决集中"有效"和"无效"的含义是该信号是否处于未决状态。

（4）处理状态：信号被送达后会立即被处理，此时信号处于处理状态。

8.1.2　信号的处理方式

一个进程收到系统信号有以下 3 种处理方式。

（1）按照进程自定义方式处理。这种处理方式类似中断的处理程序。对于需要处理的信号，进程可以提供一个信号处理函数，要求内核在处理该信号时切换到用户态执行这个处理函数，这种方式称为捕捉（Catch）一个信号，SIGKILL 和 SIGSTOP 信号不能被捕捉。

（2）按照默认处理方式处理。这种处理方式就是在进程中对信号不做任何处理，就像未发生过一样。信号的默认动作有 5 种：Term、Ign、Core、Stop 和 Cont。每个动作代表的含义如表 8-2 所示。

表 8-2　信号默认动作及其含义

动作	含　义	动作	含　义
Term	终止进程	Stop	暂停进程
Ign	忽略信号	Cont	继续运行进程
Core	终止进程并生成 Core 文件		

（3）忽略信号。对该信号的处理保留系统的默认值，这种默认操作，对大部分的信号的默认操作是使得进程终止。进程通过系统调用 signal 函数来指定进程对某个信号的处理行为。

但是有两个信号 SIGKILL 和 SIGSTOP 不能忽略，原因是它们向超级用户提供一种使进程终止或停止的可靠方法。另外，如果忽略某些由硬件异常产生的信号（非法存储访问或除以 0），则进程的行为是未定义的。

在进程表的表项中有一个软中断信号域，该域中每一位对应一个信号，当有信号发送给进程时，对应位置位。由此可以看出，进程对不同的信号可以同时保留，但对于同一个信号，进程并不知道在处理之前来过多少个。

8.2 信号产生的条件

信号是 Linux 操作系统中进程间传递控制信息的一种机制，但是它实际不由进程发送，在遇到某种情况时，内核会发送某个信号到某个进程。通常产生信号的情况有以下几种。

1. 通过终端按键（组合键）产生信号

用户在终端输入某些组合键时，终端驱动程序会通知内核产生一个信号，之后内核会将信号发送到相应的进程。这些信号的功能通常为停止或者终止正在占用终端的进程。如 Ctrl＋C 组合键对应的是 2 号信号 SIGINT；Ctrl＋\ 组合键对应的是 3 号信号 SIGQUIT 中断前台进程；Ctrl＋Z 组合键对应的是 20 号信号 SIGTSTP，将正在占用终端的进程挂起。

2. 硬件异常产生的信号

硬件异常产生的信号是由硬件检测到并通知内核，然后内核向当前进程发送的信号。如段错误、除 0（浮点数除外）、总线错误等异常。

3. 调用系统函数向进程发送信号

系统中定义了 3 个函数来给进程发送信号。

- kill 函数：可以给任意进程发送任意信号。
- raise 函数：给当前进程发送指定的信号（自己给自己发送信号）。
- abort 函数：自己给自己发送 signal abort（6）号信号（终止进程）。

4. 由软件条件产生信号

SIGPIPE 和 SIGALRM 信号都是由软件条件产生的信号。例如，alarm 计时器计时结束会发送 26 号信号 SIGVTALRM 到正在运行的进程。

下面将详细地介绍除终端组合键以外的 3 种信号产生的条件。

8.2.1 系统调用

之前已经简单了解过，系统调用中发送信号的函数有 kill 函数、raise 函数、abort 函数等。其中，kill 函数是最常用的发送信号的函数，其函数的作用是给指定的进程发送信号，但是是否杀死进程取决于所发送信号的默认动作。

kill 函数存在于函数库 signal.h 中，其函数的语法格式如下：

```
#include<sys/types.h>
#include<signal.h>
int kill(pid_t pid,int sig);
```

如果函数调用成功,则返回 0;否则返回−1,并设置 errno。kill 函数有两个参数：pid 参数表示接收信号的进程的 pid；sig 参数表示要发送的信号的编码。pid 参数的不同取值会影响 kill 函数作用的进程,其取值可分为 4 种情况,如表 8-3 所示。

表 8-3　pid 参数的取值及其含义

参数值	含　义
pid＞0	将发送信号 sig 给进程识别码为 pid 的进程
pid＝0	将发送信号 sig 给和目前进程相同进程组的所有进程
pid＝−1	将发送信号 sig 给除 1 号进程与当前进程外的所有进程
pid＜−1	将发送信号 sig 给进程组识别码为 pid 绝对值的所有进程

调用 kill 函数的进程要有向目标进程发送信号的权限。只有 root 用户有权发送信号给任一进程,非 root 用户通常只能向与调用 kill 函数进程具有相同用户 ID 的进程发送信号。参数 sig 的取值一般为常规信号的编码,当其设置为特殊值 0 时,kill 函数不发送信号,但可以用来确定指定进程是否仍存在。如果向一个不存在的进程发送空信号,kill 函数返回−1,errno 被设置为 ESRCH(表示 pid 指定的进程或进程组不存在)。

【例 8-2】　使用 fork 函数创建一个子进程,在父进程中调用 kill 函数向子进程发送 SIGABRT 信号。

```
[root@localhost ~]#cat kill.c
#include<signal.h>
#include<stdlib.h>
#include<stdio.h>
int main(int argc,char * argv[])
{
  pid_t pid;
  pid =fork( );                         //创建子进程,进程 ID 存放在 pid 中
  if(pid ==0)                           //子进程
  {
    printf("这是子进程!\n");
    sleep(10);                          //休眠 10s
    printf("子进程没有收到退出指令!\n");   //如果接收到 SIGABRT 不会打印
    return;
  }
  else                                  //这是父进程
  {
    printf("父进程调用 kill 函数向子进程%d 发送 SIGABRT 信号\n",pid);
    sleep(1);                           //休眠 1s
    if(kill(pid,SIGABRT) ==-1)          //如果调用 kill 函数失败
    {
      printf("调用 kill 函数失败!\n");
    }
```

```
    }
    return 0;
}
[root@localhost ~]#gcc -o kill kill.c
[root@localhost ~]#./kill
父进程调用 kill 函数向子进程 2969 发送 SIGABRT 信号
这是子进程！
```

除了 kill 函数以外，raise 函数、abort 函数也是常用的系统调用。raise 函数的功能是发送指定信号给当前进程自身，该函数存在于函数库 signal.h 中，其函数的语法格式如下：

```
#include<sys/types.h>
#include<signal.h>
int raise(int sig);
```

raise 函数的参数 sig 为要发送信号的编号，使用 kill 函数可以实现与之相同的功能。该函数与 kill 函数的关系如下所示：

```
raise(sig ==kill(getpid( ),sig))
```

如果 raise 函数调用成功，则返回 0；否则返回非 0 值。

abort 函数的功能是给当前进程发送异常终止信号 SIGABRT，终止当前进程并生成 core 文件。该函数存在于函数库 stdlib.h 中，其函数的语法格式如下：

```
#include<stdlib.h>
void abort(void);
```

该函数在调用之时会先解除阻塞信号 SIGABRT，然后给自己发送信号，不会返回任何值。

8.2.2 kill 命令

kill 命令与系统调用 kill 函数的用法很类似。kill 命令的基本语法格式如下：

```
kill [选项] [参数]
```

kill 命令中选项用于设置要发送的信号，等同于 kill 函数中的 sig；参数用于设置发送信号的对象，等同于 kill 函数中的 pid。

常见的选项有以下几种。

- l：列出全部的信号名称。
- a：当处理当前进程时，不限制命令名和进程号的对应关系。
- p：指定 kill 命令只打印相关进程的进程号，而不发送任何信号。
- s：指定发送信号。
- u：指定用户。

【例 8-3】　先用 ps 查找进程,然后使用 kill 命令杀掉。

```
[root@localhost ~]#ps
  PID TTY          TIME CMD
 2936 pts/0     00:00:00 su
 2944 pts/0     00:00:00 bash
 4154 pts/0     00:00:00 ps
[root@localhost ~]#kill 2936
[root@localhost ~]#
Session terminated, killing shell...killed.
已终止
```

在使用 kill 命令时,有以下几点注意事项。

(1) kill 命令可以带信号号码选项,也可以不带。如果没有信号号码,kill 命令就会发出终止信号(15),这个信号可以被进程捕获,使进程在退出之前可以清理并释放资源。也可以用 kill 向进程发送特定的信号。

(2) kill 命令可以带有进程 ID 号作为参数。当用 kill 命令向这些进程发送信号时,必须是这些进程的主人。如果试图撤销一个没有权限撤销的进程或撤销一个不存在的进程,就会得到一个错误信息。

(3) 当 kill 命令成功地发送了信号后,Shell 会在屏幕上显示出进程的终止信息。有时这个信息不会马上显示,只有当按 Enter 键使 Shell 的命令提示符再次出现时,才会显示出来。

8.2.3　软件条件

当满足某种软件条件时,也可以驱使内核发送信号。例如,Linux 操作系统中的 alarm 函数就是一个典型的产生软件条件信号的信号源。系统调用 alarm 函数的功能是设置一个定时器,当定时器计时到达时,将发出一个信号给进程。

1. alarm 函数

alarm 函数功能主要是相当于定时器,主要通过设置定时器的间隔时间,驱使内核在指定时间结束后发送 SIGALRM 信号到调用该函数的进程。

alarm 函数声明如下:

```
#include<unistd.h>
unsigned int alarm(unsigned int seconds);
```

函数中的参数 seconds 指的是定时器间隔时间(单位为 s),如果参数为 0 则表示取消定时器。如果调用 alarm 函数前,进程已经设置了闹钟时间,则返回上一个闹钟时间的剩余时间;否则返回 0。

【例 8-4】　在程序中设置定时器,使得进程在指定秒数后终止运行。

```
#include <unistd.h>
#include <stdio.h>
#include <stdlib.h>
#include <signal.h>
```

```
void sig_alarm()
{
  exit(0);
}
int main(int argc, char * argv[])
{
  signal(SIGALRM, sig_alarm);
  alarm(5);
  sleep(10);
  printf("Hello World!\n");
  return 0;
}
```

在上述例子中,先调用 signal 函数捕捉 SIGALRM 信号,再定义一个时钟 alarm(5),它的作用是让信号 SIGALRM 在经过 5s 后传送给目前 main()所在进程。接着又调用了 sleep(10),它的作用是让执行挂起 10s 的时间。所以当 main()程序挂起 5s 时,signal 函数调用 SIGALRM 信号的处理函数 sig_alarm,并且 sig_alarm 执行 exit(0)使得程序直接退出。因此,printf("Hello World! \n")语句是不会被执行的。

2. setitimer 函数

setitimer 函数获取或设定间歇计时器的值。系统为进程提供 3 种类型的计时器,每一类以不同的时间域递减其值。当计时器超时,信号被发送到进程,之后计时器重启动。

setitimer 函数声明如下:

```
#include <sys/time.h>
int setitimer(int which, const struct itimerval * value, struct itimerval * ovalue);
```

函数中的参数 which 是定时器类型选项,有 3 种选择: ITIMER_REAL,数值为 0,以系统真实的时间来计算自然流逝的时间,计时结束后发送 14 号信号 SIGALRM; ITIMER_VIRTUAL 数值为 1,以该进程占用 CPU 的时间来计算,计时结束后发送 26 号信号 SIGVTALRM; ITIMER_PROF 数值为 2,以该进程占用 CPU 以及执行系统调用的时间(进程在用户空间和内核空间运行时间的总和)来计算,发送的信号是 27 号 SIGPROF。参数 value 是一个传入参数,表示计时器定时时长,本质是一个 itimerval 类型的指针。itimerval 中有两个 timerval 类型的成员,这两个成员也是结构体类型。声明如下:

```
struct itimerval {
    struct timeval it_interval;              //间隔时间
    struct timeval it_value;                 //初始定时时间
};
struct timeval {
    long tv_sec;                             //秒
    long tv_usec;                            //微秒
};
```

itimerval 结构体中,如果只指定 it_value,则只实现一次定时;如果同时指定 it_

interval,则用来实现重复定时。setitimer 函数将 value 指向的结构体设为计时器的当前值,如果 ovalue 不是 NULL,将返回计时器原有值。

8.3　信号操作相关函数

8.3.1　信号捕获

如果信号的处理动作是用户自定义函数,在信号递达时就调用这个函数,这称为捕捉信号。Linux 操作系统中为用户提供了两个信号捕捉的函数:signal 函数和 sigaction 函数,用于自定义处理信号处理方式。

1. signal 函数

Linux 处理信号最常用的接口是 signal 函数,主要用于设置指定信号处理的方式。signal 函数会依照参数 signum 指定的信号编号来设置该信号的处理函数。当指定的信号到达时就会跳转到参数 handler 指定的函数执行。虽然 signal 函数也能实现信号屏蔽,但是其主要的功能仍为捕捉信号。

signal 函数声明如下:

```
#include <signal.h>
typedef void (*sighandler_t)(int);
sighandler_t signal(int signum, sighandler_t handler);
```

函数中的"typedef void (*sighandler_t)(int);"是函数的返回值以及传入参数 handler 的类型定义,表示将返回值为空、包含一个 int 类型的参数的函数定义为一个类型名为 sighandler 的指针。signal 函数的第 1 个参数 signum 表示要捕捉的信号;signal 函数的第 2 个参数是个函数指针,表示要对该信号进行捕捉的函数,该参数也可以是 SIG_DEF(表示交由系统默认处理,相当于白注册了)或 SIG_IGN(表示忽略掉该信号而不做任何处理)。signal 函数如果调用成功,则返回以前该信号的处理函数的地址;否则返回 SIG_ERR。

signal 函数大部分情况下可以完成信号处理的要求,但是还是有一些特殊情况,signal 函数并不能很好地处理。

【例 8-5】　使用以下程序捕捉 SIGINT 信号并改变其默认行为,使得捕捉到 SIGINT 信号后让程序执行打印动作。

```
[root@localhost ~]#gcc -o signal signal.c
[root@localhost ~]#cat signal.c
#include<stdio.h>
#include<signal.h>
#include<unistd.h>
#include<stdlib.h>
void sig_handler(int sig)
{
    printf("Catch a signal,it is NO.%d signal!\n",sig);
    signal(SIGINT,SIG_DFL);
```

```
}
int main()
{
    signal(SIGINT,sig_handler);
    while(1){
        printf("hello world!\n");
        sleep(1);
    }
    return 0;
}
[root@localhost ~]#./signal
hello world!
hello world!
^CCatch a signal,it is NO.2 signal!
hello world!
^C
```

在上述例子中,编译执行程序,程序会等待信号递达;按 Ctrl+C 组合键发送 SIGINT
信号到当前进程,终端会打印信号处理函数包含的 printf 中的信息;由于在上述代码中将
SIGINT 的信号处理函数恢复了默认值,因此再次按下 Ctrl+C 组合键发送 SIGINT 信号,
程序就会终止运行。

2. sigaction 函数

sigaction 函数存在于函数库 signal.h 中,主要用于查询或设置指定信号处理的方式。
sigaction 函数声明如下:

```
#include <signal.h>
int sigaction(int signum, const struct sigaction * act, struct sigaction *
oldact);
```

函数中的参数 signum 是指定信号的编号,可以使用头文件中规定的宏。sigaction 函
数会依参数 signum 指定的信号编号来设置该信号的处理函数,参数 signum 可以指定
SIGKILL 和 SIGSTOP 以外的所有信号。参数 act 为传入参数,是指定的新的信号处理方
式。参数 oldact 是传出参数,包含旧的信息处理函数等信息。函数如果执行成功则返回 0;
如果有错误则返回-1。

参数结构 sigaction 用来描述对信号的处理,定义如下。

```
struct sigaction
{
    void (*sa_handler)(int);
    void (*sa_sigaction)(int, siginfo_t *, void *);
    sigset_t sa_mask;
    int sa_flags;
    void (*sa_restorer)(void);
}
```

sa_handler 参数和 signal 函数的参数 handler 相同,代表新的信号处理函数。sa_

sigaction 则是另一个信号处理函数,它有 3 个参数,可以获得关于信号的更详细的信息。当 sa_flags 成员的值包含了 SA_SIGINFO 标志时,系统将使用 sa_sigaction 参数作为信号处理函数,否则使用 sa_handler 参数作为信号处理函数。除此之外,比较重要的参数是 sa_mask 和 sa_flags,sa_mask 是一个包含信号集合的结构体,该结构体内的信号表示在进行信号处理时,将要被阻塞的信号。sa_flags 用于设置是否使用默认值,默认情况下,该函数会屏蔽自己发送的信号,避免重新进入函数。

sa_flags 可以是以下值的"按位或"操作。

(1) A_NOCLDSTOP:如果参数 signum 为 SIGCHLD,则当子进程暂停时并不会通知父进程。

(2) SA_ONESHOT/SA_RESETHAND:在调用新的信号处理函数之前,将此信号处理方式改为系统预设的方式。

(3) SA_RESTART:被信号中断的系统调用会自行重启。

(4) SA_RESETHAND:信号处理之后重新设置为默认的处理方式。

(5) SA_NOMASK/SA_NODEFER:在处理此信号未结束前不理会此信号的再次到来。

(6) SA_SIGINFO:信号处理函数是带有 3 个参数的 sa_sigaction。

【例 8-6】 sigaction 函数实例。

```
[root@localhost ~]#cat sigaction.c
#include <stdio.h>
#include <unistd.h>
#include <signal.h>
#include <errno.h>
static void sig_usr(int signum)
{
    if(signum ==SIGUSR1)
    {
        printf("SIGUSR1 received\n");
    }
    else if(signum ==SIGUSR2)
    {
        printf("SIGUSR2 received\n");
    }
    else
    {
        printf("signal %d received\n", signum);
    }
}
int main(void)
{
    char buf[512];
    int  n;
    struct sigaction sa_usr;
    sa_usr.sa_flags =0;
    sa_usr.sa_handler =sig_usr;              //信号处理函数
```

```
        sigaction(SIGUSR1, &sa_usr, NULL);           //设定 SIGUSR1 的处理函数
        sigaction(SIGUSR2, &sa_usr, NULL);           //设定 SIGUSR2 的处理函数
        printf("My PID is %d\n", getpid());

        while(1)
        {
            if((n = read(STDIN_FILENO, buf, 511)) == -1)
            {
                if(errno == EINTR)
                {
                    printf("read is interrupted by signal\n");
                }
            }
            else
            {
                buf[n] = '\0';
                printf("%d bytes read: %s\n", n, buf);
            }
        }
        return 0;
}
[root@localhost ~]gcc -o sigaction sigaction.c
[root@localhost ~]#./sigaction
My PID is 3186
SIGUSR1 received
read is interrupted by signal
^C
```

打开另一个终端,执行"kill -SIGUSR1 3186"指令给 sigaction 进程发送 SIGUSR1 指令,可以看到 sig_usr 函数被调用,按 Ctrl+C 组合键结束进程。

8.3.2　信号阻塞

在之前我们已经简单地了解过 Linux 操作系统中信号可能发生的几种状态。信号的阻塞就是让系统暂时保留信号留待以后发送。由于另外有办法让系统忽略信号,所以一般情况下信号的阻塞只是暂时的,只是为了防止信号打断敏感的操作。

我们称正在阻塞的信号的集合为信号掩码(Signal Mask)。每个进程都有自己的信号掩码,创建子进程时子进程将继承父进程的信号掩码。我们可以通过修改当前的信号掩码来改变信号的阻塞情况。

1. 信号集操作函数

由于有时需要把多个信号当作一个集合进行处理,Linux 操作系统中提供了一组函数用于设定自定义信号集。信号集用来描述一类信号的集合,Linux 所支持的信号可以全部或部分地出现在信号集中。信号集操作函数最常用的地方就是用于信号屏蔽。例如,有时候希望某个进程正确执行,而不想进程受到一些信号的影响,此时就需要用到信号集操作函数完成对这些信号的屏蔽。

所有的信号阻塞函数都使用信号集的数据结构来表明受到影响的信号。每一个操作都包括两个阶段：创建信号集和传递信号集给特定的库函数。

```
#include <signal.h>
int sigemptyset(sigset_t * set);
int sigfillset(sigset_t * set);
int sigaddset(sigset_t * set, int signo);
int sigdelset(sigset_t * set, int signo);
int sigismember(const sigset_t * set, int signo);
```

这些函数中的参数 set 是一个 sigset_t 类型的指针，sigset_t 是系统自定义类型，其实质是一个位图。

（1）sigemptyset：初始化 set 指向的信号集，使其中所有信号的对应 bit 清 0，表示该信号集不包含任何有效信号。

（2）sigfillset：初始化 set 指向的信号集，使其中所有信号的对应 bit 置 1，表示该信号集的有效信号包括系统支持的所有信号。

（3）sigaddset：添加某种有效信号。

（4）sigdelset：删除某种有效信号。

（5）sigismember 函数：是一个布尔函数，用于判断一个信号集的有效信号中是否包含某种信号，若包含则返回 1；不包含则返回 0；出错返回－1。

2. sigprocmask 函数

调用函数 sigprocmask 可以读取或更改进程的信号屏蔽字。

sigprocmask 函数声明如下：

```
#include <signal.h>
int sigprocmask(int how, const sigset_t * set, sigset_t * oset);
```

函数中的参数 how 用于设置位操作的方式，其取值如表 8-4 所示。函数如果调用成功则返回 0；否则返回－1 并且设置 errno。第 2 个参数 set 为指向信号集的指针，在此专指新设的信号集，如果仅想读取现在的屏蔽值，可将其置为 NULL。参数 oset 也是指向信号集的指针，在此存放原来的信号集。可用来检测信号掩码中存在什么信号。

表 8-4　how 参数的取值及其含义

how 取值	含　义
SIG_BLOCK	将 set 所指向的信号集中包含的信号加到当前的信号掩码中，相当于使 mask 与 set 进行位或操作，即 mask＝mask｜set
SIG_UNBLOCK	将 set 所指向的信号集中包含的信号从当前的信号掩码中删除，相当于 mask 与 set 按位取反的结果进行按位相与，即 mask＝mask&～set
SIG_SETMASK	将 set 的值设定为新的进程信号掩码，相当于 mask＝set

3. sigpending 函数

sigpending 函数读取当前进程的未决信号集，通过 set 参数传出。

sigpending 函数声明如下：

```
#include <signal.h>
int sigpending(sigset_t * set);
```

此函数只有一个参数 set,用户可设置一个位图传入该参数,以此来获取未决信号集。
该函数调用成功则返回 0;出错则返回−1。

【例 8-7】　sigpending 函数实例。

```
[root@localhost ~]#cat test.c
#include<stdio.h>
#include<signal.h>
#include<unistd.h>
#include<sys/types.h>
void myhandler(int signal)
{
    printf("当前进程 ID 为：%d,收到 %d 信号\n",getpid(),signal);
}
void showPending(sigset_t * pending)
{
    int i =1;
    while(i<=31)
    {
        if(sigismember(pending, i) ==1)
            printf("1");
        else
            printf("0");
        ++i;
    }
    printf("\n");
}
int main()
{
    sigset_t set,oset;                       //定义两个信号集
    sigemptyset(&set);                       //初始化信号集 set,使所有位为 0
    sigemptyset(&oset);                      //同上
    sigaddset(&set,2);                       //为信号集 set 添加 2 号信号
    sigprocmask(SIG_SETMASK,&set,&oset);     //oset 保存之前的信号屏蔽字,然后将 set
                                             //  的值设置成当前进程的信号屏蔽字
    signal(2,myhandler);                     //进行 2 号信号的捕获
    int count =0;
    sigset_t pending;                        //定义未决信号集
    while(1)
    {
        sigpending(&pending);                //获取未决信号集,保存在 pengding 中
        showPending(&pending);               //打印当前的未决信号集
        sleep(1);
        if(count ==3)
        {
            sigprocmask(SIG_SETMASK,&oset,NULL);  //将阻塞信号集设置为之前保存的
            count =0;
```

```
        }
        count++;
    }
    return 0;
}
[root@localhost ~]#./test
00000000000000000000000000000000
00000000000000000000000000000000
00000000000000000000000000000000
^C010000000000000000000000000000000
当前进程 ID 为：3833,收到 2 信号
00000000000000000000000000000000
00000000000000000000000000000000
00000000000000000000000000000000
^Z
[2]+  Stopped                 ./test
```

在上述例子中,刚开始没有进程收到信号,penging 表全为 0,在之后收到由 Ctrl＋C 组合键发出的 2 号信号时,penging 表的 2 号位置变为 1 并在 3s 后解除阻塞,从而递达归 0。最后按 Ctrl＋Z 组合键来结束进程。

8.3.3　pause 函数

pause 函数主要用于将进程暂停直到信号出现。

pause 函数的声明如下：

```
#include <unistd.h>
int pause(void);
```

pause 函数使调用进程(或线程)进入睡眠状态,直到接收到信号,要么终止,或导致它调用一个信号捕获函数。该函数的返回值只返回－1。

【例 8-8】　使用 pause 函数使进程进入睡眠状态,之后再发送 2 号信号 SIGINT 进行唤醒。

```
[root@localhost ~]#cat pause.c
#include<stdio.h>
#include<signal.h>
#include<unistd.h>

void deal()
{
    printf("信号干扰!\n");
}

void main()
{
    printf("进程执行!\n");
```

```
    signal(SIGINT,deal);
    pause();
    printf("进程结束!\n");
}
[root@localhost ~]#gcc -o pause pause.c
[root@localhost ~]#./pause
进程执行!
^C信号干扰!
进程结束!
```

当程序运行时,pause 函数会使当前的进程挂起(进入睡眠状态),直到我们按 Ctrl+C 组合键向该进程发送 SIGINT 中断信号时,进程才会被唤醒,并处理信号,处理完信号后 pause 函数才返回,并继续运行该程序。

8.3.4　sigsuspend 函数

sigsuspend 函数和 pause 函数一样,可以使进程挂起(进入睡眠状态),直至有信号发生。
sigsuspend 函数的声明如下:

```
#include<signal.h>
int sigsuspend(const sigset_t * sigmask);
```

sigsuspend 函数的参数 sigmask 是一个信号集,这个信号集是用来屏蔽信号的,信号集中存放了要屏蔽的信号。sigsuspend 函数用实参 sigmask 指定的信号集代替调用进程的信号屏蔽,然后挂起该进程直到某个不属于 sigmask 成员的信号到达为止。此信号的动作要么是执行信号句柄,要么是终止该进程。如果信号终止进程,则 sigsuspend 函数不返回。如果信号的动作是执行信号句柄,则在信号句柄返回后,sigsuspend 函数返回,并使进程的信号屏蔽恢复到 sigsuspend 函数调用之前的值。

【例 8-9】　使用 sigsuspend 函数使进程进入睡眠状态,之后再发送 2 号信号 SIGINT 进行唤醒。

```
[root@localhost ~]#cat sigsuspend.c
#include<stdio.h>
#include<unistd.h>
#include<signal.h>
void deal()
{
    printf("信号到达!\n");
}

void main()
{
    sigset_t sigmask;
    sigemptyset(&sigmask);
    printf("进程执行!\n");
```

```
        signal(SIGINT,deal);
        sigsuspend(&sigmask);
        printf("进程结束!\n");
}
[root@localhost ~]#gcc -o sigsuspend sigsuspend.c
[root@localhost ~]#./sigsuspend
进程执行!
^C信号到达!
进程结束!
```

上述例子实现的功能与之前 pause 函数实现的功能相同。

尽管 sigsuspend 函数和 pause 函数功能相同,但是两者还是有一些区别的。sigsuspend 函数功能比 pause 函数要强大一些。当 sigsuspend 函数的参数信号集为空信号集时,sigsuspend 函数和 pause 函数是一样的,可以接收任何信号的中断,但是 sigsuspend 函数可以屏蔽信号,接收指定的信号中断,pause 函数却不可以,如例 8-10 所示。

【例 8-10】 使用 sigsuspend 函数屏蔽 SIGINT 信号的例子。

```
[root@localhost ~]#cat sigsuspend1.c
#include<stdio.h>
#include<unistd.h>
#include<signal.h>
void deal(int signo)
{
    printf("deal function, signal is %d.\n",signo);
}
int main(void)
{
    sigset_t newmask,oldmask,waitmask;
    printf("Program start, my pid is %d.\n",getpid());
    signal(SIGINT, deal );                          //设定 SIGINT 信号处理函数为 deal
    signal(SIGUSR1, deal );                         //设定 SIGUSR1 信号处理函数为 deal
    sigemptyset(& waitmask);
    sigaddset(& waitmask, SIGINT);                  //将 SIGINT 加入 waitmask 信号集
    sigemptyset(& newmask);
    sigaddset(& newmask, SIGUSR1);                  //将 SIGUSR1 加入 newmask 信号集
    if(sigprocmask(SIG_BLOCK, & newmask, & oldmask))//获取当前信号集
    {
        perror("sigprocmask");
        return -1;
    }
    sigsuspend(& waitmask);                          //挂起进程,将 waitmask 信号集屏蔽
    if(sigprocmask(SIG_SETMASK, & oldmask, NULL) )   //还原系统以前的信号集
    {
        perror("sigprocmask");
        return -1;
    }
    printf("program exit.\n");
    return 0;
```

```
}
[root@localhost ~]#gcc - o sigsuspend1 sigsuspend1.c
[root@localhost ~]#./ sigsuspend1
Program start, my pid is 3668.
^C
deal function, signal is 10.
deal function, signal is 2.
program exit.
```

执行 sigsuspend1 程序后,输出字符串"Program start,my pid is 3668. ",进程执行到 sigsuspend(& waitmask)语句后被挂起。此时按下 Ctrl＋C 组合键,终端没有反应,因为 SIGINT 信号被屏蔽,无法执行到 deal 函数。打开另一个终端,然后用"kill -SIGUSR1 3668"命令给 sigsuspend1 进程发 SIGUSR1 信号,可以看到对应的 deal 函数被执行,输出字符串"deal function,signal is 10.";然后调用 sigprocmask(SIG_SETMASK,& oldmask, NULL)语句将信号集恢复成以前的信号集,SIGINT 信号的屏蔽被解除,deal 函数被第二次调用,输出字符串"deal function,signal is 2.",然后进程才结束。

当我们的程序在进行一些业务处理的时候不想被一些信号所中断,就可以先屏蔽这些信号,在这个业务处理结束时可以使用 sigsuspend 函数处理在排队的信号,处理完成后,再恢复之前的信号屏蔽,并处理下个业务。

sigsuspend 函数的原子操作如下。

(1) 设置新的 mask 阻塞当前进程。

(2) 当收到信号时,恢复原先的 mask。

(3) 调用该进程设置的信号处理函数。

(4) 待信号处理函数返回,sigsuspend 随即返回。

本 章 小 结

本章主要介绍了 Linux 操作系统中信号的概念、信号的产生条件以及信号的相关操作函数。通过对本章内容的学习,应该重点掌握信号的基本概念,其中包括信号的产生条件、信号的处理方式等,熟练使用信号相关的操作函数。

本 章 习 题

1. 简单阐述 Linux 操作系统中信号的处理方式。

2. 在 Linux 操作系统中,什么是信号? 什么是信号量? 两者有什么不同?

3. 信号递达进程后才有可能被处理,请说明信号有哪几种处理方式。

4. pause 函数与 sigsuspend 函数有什么区别? 请举例说明。

5. 请简要说明信号的本质。

6. 信号有哪几种状态？每种状态有什么特点？

7. Linux 操作系统中，信号产生的条件有哪些？

8. Linux 操作系统如何设置信号处理函数？

9. 什么是系统调用？系统调用的作用是什么？

10. 信号捕获处理的方式有哪些？它们各有什么优缺点？

第9章 进程间通信

进程间通信(Inter Process Communication,IPC)是一组编程接口,让程序员能够协调不同的进程,使之能在一个操作系统中同时运行,并且相互传递、交换信息。进程间通信为一个程序能够在同一时间里处理许多用户的要求提供了可能。它提供了一种不同进程间可以相互访问数据的方式,相互访问的数据不仅包括程序运行时的实时数据,也包括对对方代码段的访问。

Linux 操作系统中的进程间通信的方式基本上继承自 UNIX 平台上的进程通信方式。目前,Linux 操作系统中使用的进程通信机制包含管道通信、信号量、消息队列、共享内存以及 socket 通信等诸多通信机制,除了管道和 socket 外,其余 3 种通信机制都属于 UNIX System V IPC。

进程通过与内核及其他进程之间的相互通信来协调它们的行为。进程间通信的目的:数据传输、共享数据、通知事件、资源共享和进程控制。

本章主要学习以下内容。

- 了解进程间通信的常用方式。
- 掌握使用管道实现进程间通信的方法。
- 掌握使用信号量实现进程间通信的方法。
- 掌握使用共享内存实现进程间通信的方法。

9.1 管　　道

管道是进程间通信中最基本、最原始的一种通信机制。Linux 操作系统中将管道视为连接在两个进程之间的一个打开的共享文件,专用于进程之间进行数据通信。发送进程可以源源不断地从管道一端写入数据流,每次写入的长度是可变的;接收进程在需要时可以从管道的另一端读出数据,读出单位长度也是可变的。

管道是一种特殊的文件,它没有数据块,只通过系统内存存放要传送的数据。它不属于某种普通的文件系统,而是一种独立的文件系统,有其自己的数据结构,并且只存在于内存中。

管道分为无名管道和命名管道。无名管道又称为匿名管道,它在系统中没有实名,不能在文件系统中以任何方式看到该管道,它只是进程的一种资源,会随着进程的结束而被系统销毁。命名管道也称为 FIFO 管道,是一种文件类型,在文件系统中可以查看到。

9.1.1 匿名管道

匿名管道主要用于父进程与子进程之间,或者两个兄弟进程之间。在 Linux 操作系统中可以通过系统调用建立起一个单向的通信管道,且这种关系只能由父进程来建立。因此,每个管道都是单向的,当需要双向通信时就需要建立起两个管道。管道两端的进程均将该管道看作一个文件,一个进程负责往管道中写内容,而另一个从管道中读取,这种传输遵循"先入先出"(FIFO)的规则。

匿名管道有以下几个特点。

(1)匿名管道是半双工的,数据只能向一个方向流动,一端输入,另一端输出。双方通信时,需要建立起两个管道。

(2)使用匿名管道时,进程不需要关心管道在内存中的位置,但是要通过进程的亲缘关系来实现进程与管道的连接。

(3)管道所传送的数据是无格式的,这要求管道的读出方与写入方必须事先约定好数据的格式,如多少字节算一个消息等。

(4)管道不是普通的文件,不属于某个文件系统,其只存在于内存中。

(5)从管道读数据是一次性操作,数据一旦被读走,它就从管道中被抛弃,释放空间以便写更多的数据。

在程序中使用匿名管道时,需要先创建一个管道。Linux 操作系统中创建匿名管道的函数为 pipe 函数,该函数存在于函数库 unistd.h,函数声明如下:

```
#include <unistd.h>
int pipe(int fd[2]);
```

pipe 函数用来创建一个管道,fd 是传入参数,用于保存返回的两个文件描述符,该文件描述符用于标识管道的两端,fd[0]只能用于读,fd[1]只能用于写。Linux 操作系统中的管道被抽象为一种特殊文件,就是管道文件。管道的实质就是内核缓存区,向管道文件读/写数据其实是在读/写内核缓冲区。管道的实现并没有使用专门的数据结构,而是借助了文件系统的 file 结构和 VFS 的索引节点 inode。通过将两个 file 结构指向同一个临时的 VFS 索引节点,这个 VFS 索引节点又指向一个物理页面而实现的。管道结构示意图如图 9-1 所示。

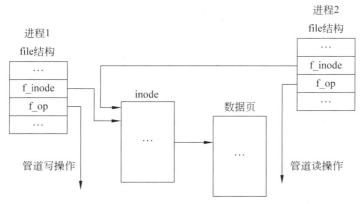

图 9-1 管道结构示意图

通过管道实现父子进程间通信通常有以下步骤。

(1)父进程创建管道。匿名管道只能在有亲缘关系的进程间使用。管道创建成功以后,创建该管道的进程(父进程)同时掌握着管道的读端和写端。父进程创建管道如图 9-2 所示。

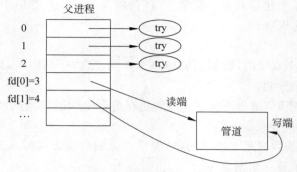

图 9-2　父进程创建管道

（2）进程调用 fork 函数创建出子进程后,父进程和子进程共享文件描述符。此时,子进程拥有和父进程相同的管道。父子进程文件描述符与管道间的关系如图 9-3 所示。

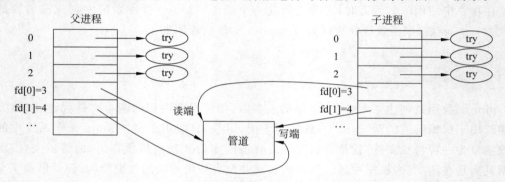

图 9-3　父子进程文件描述符与管道间的关系(1)

（3）管道两端只能进行一种读/写操作,因此需要各自关闭父子进程中的一个文件描述符。如父进程关闭管道读端,子进程关闭管道写端。父进程可以向管道中写入数据,子进程将管道中的数据读出。由于管道是利用环形队列实现的,数据从写端流入管道,从读端流出,这样就实现了进程间通信。此时父子进程文件描述符与管道间的关系如图 9-4 所示。

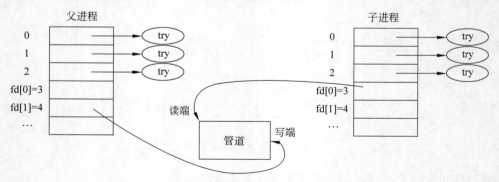

图 9-4　父子进程文件描述符与管道间的关系(2)

【例 9-1】 父子进程使用管道通信,父进程写入字符串,子进程读出,并打印到屏幕。

```
[root@localhost ~]#cat pipe.c
#include <unistd.h>
#include <string.h>
#include <stdlib.h>
#include <stdio.h>
#include <sys/wait.h>
void sys_err(const char * str)
{
    perror(str);
    exit(1);
}
int main(void)
{
    pid_t pid;
    char buf[1024];
    int fd[2];                          //定义文件描述符数组
    char * p ="test for pipe\n";
    if (pipe(fd) ==-1)
        sys_err("pipe");
    pid =fork();
    if (pid <0) {
        sys_err("fork err");
    } else if (pid ==0) {
        //子进程-读
        close(fd[1]);                   //关闭写端
        int len =read(fd[0], buf, sizeof(buf));//读数据
        write(STDOUT_FILENO, buf, len);
        close(fd[0]);
    } else {
        //父进程-写
        close(fd[0]);                   //关闭读端
        write(fd[1], p, strlen(p));     //写数据
        wait(NULL);
        close(fd[1]);
    }
    return 0;
}
[root@localhost ~]#gcc -o pipe pipe.c
[root@localhost ~]#./pipe
test for pipe
```

在上述例子中,父进程在管道中写入字符串 test for pipe,子进程从管道将该字符串读出并打印到终端。

在管道中读数据时,如果管道中有数据时,read 函数返回实际读到的字节数。如果管道中没有数据时,管道写端全部关闭,则认为已经读到了数据末尾,read 函数返回 0;如果管道写端没有全部被关闭,read 函数阻塞等待。向管道中写数据时,如果管道读端全部被关闭,进程异常终止。如果管道读端没有全部被关闭,当管道已满时,write 函数阻塞;如果管

道未满,write 函数将数据写入,并返回实际写入的字节数。

管道符号是 UNIX 功能强大的一个地方,符号是一条竖线"|"。管道符号的用法格式如下:

```
command 1 | command 2
```

它的功能是把第一个命令 command 1 执行的结果作为 command 2 的输入传给 command。

【例 9-2】 使用管道实现兄弟进程间通信,完成 ls | wc -l 的功能。

```
[root@localhost ~]#cat pipe1.c
#include <stdio.h>
#include <unistd.h>
#include <sys/wait.h>
int main(void)
{
    pid_t pid,wpid;
    int fd[2], i;

    pipe(fd);
    for (i = 0; i < 2; i++) {
        if((pid = fork()) == 0) {
            break;
        }
    }
    if (i == 0) {                                        //兄进程
        close(fd[0]);                                    //写,关闭读端
        dup2(fd[1], STDOUT_FILENO);
        execlp("ls", "ls", NULL);
    } else if (i == 1) {                                 //弟进程
        close(fd[1]);                                    //读,关闭写端
        dup2(fd[0], STDIN_FILENO);
        execlp("wc", "wc", "-l", NULL);
    } else {
        close(fd[0]);
        close(fd[1]);
        wpid = wait(NULL);
        printf("wait child1 sucess,pid =%d\n",wpid);
        wpid = wait(NULL);
        printf("wait child2 sucess,pid =%d\n",wpid);
    }
    return 0;
}
[root@localhost ~]#gcc -o pipe1 pipe1.c
[root@localhost ~]#./pipe1
59
wait child1 sucess,pid =3159
wait child2 sucess,pid =3158
```

上述案例中 59 为当前目录下文件数,是兄弟进程对 ls ｜ wc -l 命令的实现结果。

9.1.2 命名管道

命名管道又称 FIFO(First In First Out)。FIFO 为一种特殊的文件类型,它在文件系统中有对应的路径。当一个进程以读(r)的方式打开该文件,而另一个进程以写(w)的方式打开该文件,那么内核就会在这两个进程之间建立管道,不同的进程打开相同的命名管道实现类似匿名管道的数据通信。对文件系统来说,匿名管道是不可见的,它的作用仅限于在父进程和子进程两个进程之间进行通信。而命名管道是一个可见的文件,因此,它可以用于任何两个进程之间的通信,不管这两个进程是不是父子进程,也不管这两个进程之间有没有关系。

命名管道有以下几个特点。

(1) 命名管道是作为一个特殊的设备文件存在。

(2) 命名管道严格遵守"先进先出"原则,当对其进行写操作时,数据会被添加至文件末尾;当对其进行读操作时,文件首部的数据先返回。

(3) 不同祖先进程的进程之间可以共享数据。

Linux 操作系统中可以通过 mkfifo 命令创建 FIFO 文件,该命令的语法格式如下:

```
#include <sys/types.h>
#include <sys/stat.h>
int mkfifo(const char * path,mode_t mode);
```

mkfifo 函数中的参数 path 表示文件路径名;mode 用于指定 FIFO 的权限。当函数调用成功时返回 0;否则返回 −1。

与其他的文件一样,FIFO 文件也可以使用 open 函数调用来打开(mkfifo 函数只是创建一个 FIFO 文件,要使用命名管道,先要用 open 函数将其打开)。

打开 FIFO 文件通常有以下 4 种方式。

```
open(const char * path, O_RDONLY);
open(const char * path, O_RDONLY | O_NONBLOCK);
open(const char * path, O_WRONLY);
open(const char * path, O_WRONLY | O_NONBLOCK);
```

open 函数的第 1 个参数 path 表示文件路径名,第 2 个参数中,选项 O_NONBLOCK 表示非阻塞,加上这个选项后,表示 open 调用是非阻塞的,如果没有这个选项,则表示 open 调用是阻塞的。对于以只读方式(O_RDONLY)打开的 FIFO 文件,如果 open 调用是阻塞的(第 2 个参数为 O_RDONLY),除非有一个进程以写方式打开同一个 FIFO,否则它不会返回;如果 open 调用是非阻塞的(第 2 个参数为 O_RDONLY ｜ O_NONBLOCK),则即使没有其他进程以写方式打开同一个 FIFO 文件,open 调用将成功并立即返回。对于以只写方式(O_WRONLY)打开的 FIFO 文件,如果 open 调用是阻塞的(第 2 个参数为 O_WRONLY),open 调用将被阻塞,直到有一个进程以只读方式打开同一个 FIFO 文件为止;如果 open 调用是非阻塞的(第 2 个参数为 O_WRONLY ｜ O_NONBLOCK),open 总会立即返回,但如果没有其他进程以只读方式打开同一个 FIFO 文件,open 调用将返回-1,并且 FIFO 也不会被打开。

【例 9-3】 使用 FIFO 实现没有亲缘关系的进程间通信,这里要先写一个源文件 fifo_write. c,它在需要时创建管道,然后向管道写入数据,数据由文件 Data. txt 提供,大小为 10MB,内容全是字符"1"。另一个源文件为 fifo_read. c,它从 FIFO 中读取数据,并把读到的数据保存到另一个文件 datafromfifo. txt 中。

(1) fifo_write. c。

```c
#include<sys/types.h>
#include<stdlib.h>
#include<stdio.h>
#include<fcntl.h>
#include<limits.h>
int main()
{
    const char * fifo_name ="/my_fifo";
    int pipe_fd =-1;
    int data_fd =-1;
    int res =0;
    const int open_mode =O_WRONLY;          //定义文件的打开方式为只写
    char buffer[PIPE_BUF+1];
    if(access(fifo_name,F_OK)==-1)          //判断管道文件是否存在
    {
        res =mkfifo(fifo_name,0777);        //如果管道文件不存在,创建命名管道
        if(res!=0)
        {
            fprintf(stderr,"could not create fifo\n");
            exit(EXIT_FAILURE);
        }
    }
    printf("process %d opening fifo O_WRONLY\n",getpid());
    pipe_fd =open(fifo_name,open_mode);      //打开管道文件
    data_fd =open("data.txt",O_RDONLY);      //打开数据文件
    printf("process %d result %d\n",getpid(),pipe_fd);
    if(pipe_fd!=-1)
    {
        int bytes_read =0;
        bytes_read =read(data_fd,buffer,PIPE_BUF);      //从数据文件中读数据
        while(bytes_read>0)
        {
            res =write(pipe_fd,buffer,bytes_read);       //向 FIFO 文件写数据
            if(res==-1)
            {
                fprintf(stderr,"write error\n");
                exit(EXIT_FAILURE);
            }
            bytes_read =read(data_fd,buffer,PIPE_BUF);   //从数据文件中读数据
            buffer[bytes_read]='\0';
```

```
        }
        close(pipe_fd);                                    //关闭文件
        close(data_fd);
    }
    else{
        exit(EXIT_FAILURE);
    }
    printf("process %d finished.\n",getpid());
    exit(EXIT_SUCCESS);
}
```

（2）fifo_read.c。

```
#include<stdlib.h>
#include<stdio.h>
#include<string.h>
#include<sys/types.h>
#include<fcntl.h>
#include<limits.h>
int main()
{
    const char * fifo_name ="/my_fifo";
    int pipe_fd =-1;
    int data_fd =-1;
    int res =0;
    int open_mode =O_RDONLY;                               //定义文件打开方式为只读
    char buffer[PIPE_BUF+1];
    int bytes_read =0;
    int bytes_write =0;
    memset(buffer,'\0',sizeof(buffer));                    //清空缓冲区

    printf("process %d opening FIFO O_RDONLY\n",getpid());
    pipe_fd =open(fifo_name,open_mode);                    //打开管道文件
    data_fd =open("datafromfifo.txt",O_WRONLY|O_CREAT,0644);
                                                           //以只写方式创建数据文件
    printf("process %d result %d\n",getpid(),pipe_fd);
    if(pipe_fd!=-1)
    {
        do{
            res =read(pipe_fd,buffer,PIPE_BUF);            //读取 FIFO 中的数据
            bytes_write =write(data_fd,buffer,res);        //将数据写入数据文件中
            bytes_read +=res;
        }while(res>0);
        close(pipe_fd);                                    //关闭文件
        close(data_fd);
    }
    else{
        exit(EXIT_FAILURE);
    }
```

```
        printf("process %d finished,%d bytes read\n",getpid(),bytes_read);
        exit(EXIT_SUCCESS);
    }
```

（3）执行程序。

```
[root@localhost ~]#gcc -o fifo_read fifo_read.c
[root@localhost ~]#gcc -o fifo_write fifo_write.c
[root@localhost ~]#./fifo_write & ./fifo_read
[2] 3215
process 3216 opening FIFO O_RDONLY
process 3215 opening fifo O_WRONLY
process 3216 result 3
process 3215 result 3
process 3216 finished,10485760 bytes read
[root@localhost ~]#process 3215 finished.
[root@localhost ~]#cd /
[root@localhost /]#ls -l my_fifo
prwxr-xr-x. 1 root root 0 Jan 24 02:38 my_fifo
```

从上述例子可以看到，FIFO 文件生成了，第一个字符"p"，表示该文件是一个管道文件。

9.2 消 息 队 列

消息队列从实质上讲是内核地址空间中的内部链表，消息队列中的每条消息都是一条记录。消息队列提供了一种从一个进程向另一个进程发送一个数据块的方法，每个数据块都被认为含有一个类型，接收进程可以独立地接收含有不同类型的数据结构。用户可以通过发送消息来避免命名管道的同步和阻塞问题。

消息队列与 FIFO 类似，可以实现没有亲缘关系进程间的通信，并且独立于通信双方的进程之外。但是消息队列又少了打开和关闭管道方面的复杂性。同时通过发送消息还可以避免命名管道的同步和阻塞问题，不需要由进程自己来提供同步方法。接收程序可以通过消息类型有选择地接收数据，而不是像命名管道中那样，只能默认地接收。

消息队列同 FIFO 一样，每个数据块都有一个最大的长度限制。Linux 操作系统中用宏 MSGMAX 和 MSGMNB 来限制一条消息的最大长度和一个队列的最大长度。

消息队列就是一个消息的链表。每个消息队列都有一个队列头，用结构 struct msg_queue 来描述。队列头中包含了该消息队列的大量信息，包括消息队列键值、用户 ID、组 ID、消息队列中消息数目等，甚至记录了最近对消息队列读/写进程的 ID。读者可以访问这些信息，也可以设置其中的某些信息。

9.2.1 消息队列接口函数

Linux 提供了一系列消息队列的函数接口来让我们方便地使用它来实现进程间的

通信。

1. msgget 函数

msgget 函数用来创建一个消息队列或者获取一个已经存在的消息队列。该函数存在于函数库 sys/msg.h 中,其函数原型为

```
#include <sys/msg.h>
int msgget(key_t, key, int msgflg);
```

msgget 函数调用成功时,返回消息队列的标识符;否则返回−1并设置 errno。

msgget 函数中的参数 key 表示消息队列的键值,通常为一个整数。参数 msgflg 是一个权限标志,表示消息队列的访问权限,它与文件的访问权限一样。

msgflg 可以与 IPC_CREAT 做或操作,表示当 key 所命名的消息队列不存在时创建一个消息队列,如果 key 所命名的消息队列存在时,IPC_CREAT 标志会被忽略,而只返回一个标识符。

msgflg 可以与 IPC_CREAT 以及 IPC_EXCL 做或操作,表示如果消息队列不存在,则它会被创建;如果已经存在,则 msgget 函数调用失败,返回−1。

2. msgsnd 函数

msgsnd 函数用来为指定消息队列中发送一条消息。该函数的原型如下:

```
#include <sys/msg.h>
int msgsnd(int msgid, const void * msg_ptr, size_t msgsz, int msgflg);
```

msgsnd 函数调用成功时,返回消息队列的标识符;否则返回−1并设置 errno。

参数 msgid 是由 msgget 函数返回的消息队列标识符;参数 msgsz 表示消息中数据的长度;参数 msgflg 为标志位,可以设置为 0 或者 IPC_NOWAIT,用于控制当前消息队列溢出或队列消息到达系统范围的限制时将要发生的事情。如果调用成功,消息数据的一份副本将被放到消息队列中,并返回 0,失败时返回−1;参数 msg_ptr 是一个指向准备发送消息的指针,但是消息的数据结构却有一定的要求,指针 msg_ptr 所指向的消息结构一定要是以一个长整型成员变量开始的结构体,接收函数将用这个成员来确定消息的类型。消息结构定义如下:

```
struct my_message{
    int message_type;           //消息类型
    anytype data;               //要发送的数据,数据类型不限
};
```

3. msgrcv 函数

msgrcv 函数用来从消息队列中读取消息,被读取的消息会从消息队列中移除。该函数的原型如下:

```
#include <sys/msg.h>
int msgrcv (int msgid, void * msg_ptr, size_t msgsz, long int msgtype, int msgflg);
```

msgrcv 函数调用成功时,返回消息队列的标识符;否则返回－1 并设置 errno。

msgrcv 函数中的参数 msgid 表示消息队列的 ID,通常由 msgget 函数返回;参数 msg_ptr 为指向所读取消息的结构体指针;msgsz 表示消息的长度,这个长度不包含整型成员变量的长度;msgtype 可以实现一种简单的接收优先级,msgtype 的取值以及各值代表的含义如表 9-1 所示;msgflg 用于控制当队列中没有相应类型的消息可以接收时将发生的事情。调用成功时,该函数返回放到接收缓存区中的字节数,消息被复制到由 msg_ptr 指向的用户分配的缓存区中,然后删除消息队列中的对应消息;失败时返回－1。

表 9-1　msgtype 参数的取值及其含义

参数值	含　义
msgtype＝0	获取队列中的第一个可用消息
msgtype＞0	获取具有相同消息类型的第一个信息
msgtype＜0	获取类型小于或等于 msgtype 的绝对值的第一个消息

4. msgctl 函数

msgctl 函数用来对指定消息队列进行控制,该函数原型如下:

```
#include <sys/msg.h>
int msgctl(int msgid, int command, struct msgid_ds * buf);
```

msgctl 函数调用成功时,返回消息队列的标识符;否则返回－1 并设置 errno。

msgctl 函数中的参数 msgid 表示消息队列的 ID,通常是由 msgget 函数返回;参数 command 表示消息队列的处理命令,其取值以及含义如表 9-2 所示。

表 9-2　command 参数的取值及其含义

参数值	含　义
IPC_STAT	把 msgid_ds 结构中的数据设置为消息队列的当前关联值,即用消息队列的当前关联值覆盖参数 buf 的值
IPC_SET	如果进程有足够的权限,就把消息列队的当前关联值设置为参数 buf 的值
IPC_RMID	msgctl 函数将从系统内核中删除指定命令

参数 buf 是指向 msgid_ds 结构的指针,它指向消息队列模式和访问权限的结构。数据类型 msgid_ds 是一个结构体,内核为每个消息队列维护了一个 msgid_ds 结构,用于消息队列的管理。该结构体的详细信息如下:

```
struct msgid_ds
{
  struct ipc_perm mag_perm;              //所有者和权限标识
  time_t msg_stime;                      //最后一次发送消息的时间
  time_t msg_rtime;                      //最后一次接收消息的时间
  time_t msg_ctime;                      //最后改变的时间
  unsigned long  msg_cbytes;             //队列中当前数据字节数
  msgqnum_t  mag_num;                    //队列中当前消息数
  msglen_t msg_qbytes;                   //队列允许的最大字节数
```

```
    pid_t msg_lspid;                          //最后发送消息的进程的 pid
    pid_t msg_lrpid;                          //最后接收消息的进程的 pid
};
```

9.2.2 使用消息队列实现进程间通信

使用消息队列实现进程间通信的步骤如下。

（1）创建消息队列。

（2）发送消息到消息队列。

（3）从消息队列中读取数据。

（4）删除消息队列。

【例 9-4】 使用消息队列实现进程间通信，由于可以让不相关的进程进行通信，所以在这里将会编写 msgrcv.c 和 msgsend.c 两个程序来表示接收信息与发送信息。

（1）msgrcv.c。

```c
#include <unistd.h>
#include <stdlib.h>
#include <stdio.h>
#include <string.h>
#include <errno.h>
#include <sys/msg.h>
struct msg_st
{
    long int msg_type;
    char text[BUFSIZ];
};
int main()
{
    int running =1;
    int msgid =-1;
    struct msg_st data;
    long int msgtype =0;
    //建立消息队列
    msgid =msgget((key_t)1234, 0666 | IPC_CREAT);
    if(msgid ==-1)
    {
        fprintf(stderr, "msgget failed with error: %d\n", errno);
        exit(EXIT_FAILURE);
    }
    //从队列中获取消息,直到遇到 end 消息为止
    while(running)
    {
        if(msgrcv(msgid, (void * )&data, BUFSIZ, msgtype, 0) ==-1)
        {
            fprintf(stderr, "msgrcv failed with errno: %d\n", errno);
            exit(EXIT_FAILURE);
```

```
        }
        printf("You wrote: %s\n",data.text);
        //遇到 end 结束
        if(strncmp(data.text, "end", 3) ==0)
            running =0;
    }
    //删除消息队列
    if(msgctl(msgid, IPC_RMID, 0) ==-1)
    {
        fprintf(stderr, "msgctl(IPC_RMID) failed\n");
        exit(EXIT_FAILURE);
    }
    exit(EXIT_SUCCESS);
}
```

（2）msgsend.c。

```
#include <unistd.h>
#include <stdlib.h>
#include <stdio.h>
#include <string.h>
#include <sys/msg.h>
#include <errno.h>
#define MAX_TEXT 512
struct msg_st
{
    long int msg_type;
    char text[MAX_TEXT];
};

int main()
{
    int running =1;
    struct msg_st data;
    char buffer[BUFSIZ];
    int msgid =-1;

    //建立消息队列
    msgid =msgget((key_t)1234, 0666 | IPC_CREAT);
    if(msgid ==-1)
    {
        fprintf(stderr, "msgget failed with error: %d\n", errno);
        exit(EXIT_FAILURE);
    }

    //向消息队列中写消息,直到写入 end
    while(running)
    {
        //输入数据
        printf("Enter some text: ");
```

```
        fgets(buffer, BUFSIZ, stdin);
        data.msg_type =1;
        strcpy(data.text, buffer);
        //向队列发送数据
        if(msgsnd(msgid, (void * )&data, MAX_TEXT, 0) ==-1)
        {
            fprintf(stderr, "msgsnd failed\n");
            exit(EXIT_FAILURE);
        }
        //输入 end 结束输入
        if(strncmp(buffer, "end", 3) ==0)
            running =0;
        sleep(1);
    }
    exit(EXIT_SUCCESS);
}
```

（3）执行程序。

```
[root@localhost ~]#gcc -o msgsend  msgsend.c
[root@localhost ~]#gcc -o msgrcv  msgrcv.c
[root@localhost ~]#./msgrcv & ./msgsend
[2] 4086
Enter some text: hello world
You wrote: hello world

Enter some text: end
You wrote: end

[2]+  Done                    ./msgrcv
```

在上述例子中，msgrcv.c 文件 main 函数中定义的变量 msgtype，它作为 msgrcv 函数的接收信息类型参数的值，其值为 0，表示获取队列中第一个可用的消息。msgsend.c 文件中 while 循环中的语句 data.msg_type＝1，它用来设置发送的信息类型，即其发送的信息的类型为 1。因此程序 msgrcv.c 能够成功接收到程序 msgsend.c 发送的信息。

9.3 信 号 量

Linux 操作系统采用多道程序设计，允许有多个进程同时在内核中运行，但是在同一个系统中的多个进程之间可能会因为进程合作或者资源共享因而产生一系列的问题。因此，计算机中的多个进程必须互斥地访问系统中的临界资源。临界资源是一次仅允许一个进程使用的共享资源。各进程采取互斥的方式，实现共享的资源称作临界资源。属于临界资源的硬件有打印机、磁带机等；软件有消息队列、变量、数组、缓冲区等。诸进程间采取互斥方式，实现对这种资源的共享。临界区是指用于访问临界资源的代码段。

信号量就可以提供这样的一种访问机制，是专门用于解决进程同步与互斥问题的一种通信机制。让一个临界区同一时间只有一个线程在访问它,也就是说信号量是用来协调进程对共享资源的访问的。

信号量是一个特殊的变量,程序对其访问都是原子操作,且只允许对它进行等待(P)和发送(V)信息操作。最简单的信号量是只能取 0 和 1 的变量,这也是信号量最常见的一种形式,叫作二进制信号量。而可以取多个正整数的信号量被称为通用信号量。

Linux 提供了一组精心设计的信号量接口来对信号进行操作,它们不只是针对二进制信号量,下面将会对这些函数进行介绍。

9.3.1　信号量接口函数

1. semget 函数

semget 函数的作用是创建一个新信号量或取得一个已有信号量。该函数的原型如下:

```
#include <sys/sem.h>
int semget(key_t key, int num_sems, int sem_flags);
```

semget 函数调用成功返回一个相应信号标识符(非 0);失败返回－1 并设置为 errno。

函数中的第 1 个参数 key 是整数值(唯一且非 0),不相关的进程可以通过它访问一个信号量,它代表程序可能要使用的某个资源,程序对所有信号量的访问都是间接的。程序先通过调用 semget 函数并提供一个键,再由系统生成一个相应的信号标识符,只有 semget 函数才直接使用信号量键,所有其他的信号量函数使用由 semget 函数返回的信号量标识符。第 2 个参数 num_sems 指定需要的信号量数目。第 3 个参数 sem_flags 是标志位,用来设置权限。权限位可以与 IPC_CREAT 以及 IPC_EXCL 发生位或。如果标志位设为 IPC_PRIVATE,表示该信号量为当前进程的私有信号量。

2. semop 函数

semop 函数的作用是改变信号量的值。该函数的原型如下:

```
#include <sys/sem.h>
int semop(int sem_id, struct sembuf * sops, unsigned nsops);
```

semop 函数调用成功返回 0;否则返回－1 并设置为 errno。

函数中的参数 sem_id 是由 semget 返回的信号量标识符。参数 nsops 所指数组中元素的个数。参数 sops 是一个 struct sembuf 类型的数组指针,struct sembuf 结构体定义如下:

```
struct sembuf{
    short sem_num;              //除非使用一组信号量,否则它为 0
    short sem_op;               //信号量操作,正数 V 操作,负数 P 操作
    short sem_flg;              //标志位
};
```

3. semctl 函数

semctl 函数用来直接控制信号量信息。该函数的原型如下:

```
#include <sys/sem.h>
int semctl(int sem_id, int sem_num, int command, ...);
```

函数参数 sem_id 表示信号量标识符,一般情况下是 semget 的返回值。参数 sem_num 是信号量在信号量集中的编号,只有在使用信号量集的时候才会使用,通常取值为 0。第 3 个参数 command 通常有两个取值 SETVAL 和 IPC_RMID。SETVAL:用来把信号量初始化为一个已知的值。p 这个值通过 union semun 中的 val 成员设置,其作用是在信号量第一次使用前对它进行设置。IPC_RMID:用于删除一个已经无须继续使用的信号量标识符。第 4 个参数通常是一个 union semun 结构,定义如下:

```
union semun {
  int val;
  struct semid_ds * buf;
  unsigned short * arry;
};
```

其中,struct semid_ds 是一个由内核维护的记录信号量属性信息的结构体,结构体定义如下:

```
struct semid_ds {
    struct ipc_perm sem_perm;                //所有者和表示权限
    time_t          sem_otime;               //最后操作时间
    time_t          sem_ctime;               //最后更改时间
    unsigned  short  sem_nsems;              //信号集中的信号数量
}
```

9.3.2　使用信号量实现进程间通信

【例 9-5】　桌上有一个盘子,盘中最多允许放 3 个水果。爸爸削好苹果或者剥好橙子放入盘中,儿子只吃盘中的苹果,女儿只吃盘中的橙子,儿子吃苹果的速度比女儿吃橙子的速度快。用信号量实现爸爸、儿子、女儿 3 个并发进程的同步。

```
#include <stdlib.h>
#include <stdio.h>
#include <signal.h>
#include <unistd.h>
#include <sys/types.h>
#include <sys/ipc.h>
#include <sys/sem.h>
#include <errno.h>
#include <fcntl.h>
void father();
void son();
void daughter();
int plate;
int apple;
```

```
int orange ;
int CreateSem(int value);
int SetSemValue(int sem_id, int value);
int GetSemValue(int sem_id);
void DeleteSem(int sem_id);
int ps(int sem_id);
int vs(int sem_id);

int main(int argc, char * argv[])
{
    char ch;
    plate=CreateSem(3);
    apple=CreateSem(0);
    orange=CreateSem(0);
    printf("plate's count is %d\n",GetSemValue(plate));
    printf("apple's count is %d\n",GetSemValue(apple));
    printf("orange's count is %d\n",GetSemValue(orange));
    pid_t pid[3];
    pid_t pid1,pid2,pid3;
    srand((unsigned)time(NULL));
    pid1 =fork();
    if(pid1 ==0)
    {   //启动儿子进程
        pid[0] =getpid();            //保存儿子进程 PID
        printf("I am son process, PID is %d\n",getpid());
        son( );
    }
    if(pid1 >0)
    {
        pid2 =fork();
        if(pid2 ==0)
        {   //启动女儿进程
            pid[1] =getpid();        //保存女儿进程 PID
            printf("I am daughter process, PID is %d\n",getpid());
            daughter( );
        }
        if(pid2 >0)
        {
            pid3 =fork();
            if(pid3 ==0)
            {   //启动爸爸进程
                pid[2] =getpid();    //保存爸爸进程 PID
                printf("I am father process, PID is %d\n",getpid());
                father( );
            }
            if(pid3 >0)
            {
                printf("I am main process, PID is %d\n",getpid());
                do {
                    ch =getchar();
```

```
                        if (ch == 'q')
                        {    //若输入 q,给 3 个子进程发 SIGTERM 消息,结束进程
                             int i;
                             for (i = 0; i < 3; i++)
                                 kill(pid[i], SIGTERM);
                        }
                } while (ch ! ='q');
            }
        }
    }
    return 0;
}


void father( )
{    //爸爸进程
    while(1){
        sleep(2);
        ps(plate);
        int r=(int)(10.0 * rand()/(RAND_MAX+1.0));   //生成 0~9 的随机数
        if(r<5)     {   //如果 r 小于 5,生产橙子
            vs(orange);
            printf("father peeling an orange,orange's number is %d\n", GetSemValue
            (orange));
        }
        else     {    //否则,生产苹果
            vs(apple);
            printf ( " father peeling an apple, apple ' s number is % d \
            n", GetSemValue
            (apple));
        }
    }
}
void son( )
{//儿子进程
    while(1){
        sleep(3);
         ps(apple);
        printf("son eat an apple,apple's number is %d\n",GetSemValue(apple));
        vs(plate);
    }
}


void daughter( )
{//女儿进程
    while(1){
        sleep(5);
        ps(orange);
        printf("daughter eat an orange,orange's number is %d\n",GetSemValue
        (orange));
        vs(plate);
    }
```

```
}
int CreateSem(int value)
{   //创建信号量
    int sem_id;
    sem_id =semget(IPC_PRIVATE, 1, 0666 | IPC_CREAT);
    if (sem_id ==-1) return -1;
    if (SetSemValue(sem_id, value) ==0) return -1;
    return sem_id;
}
int SetSemValue(int sem_id, int value)
{   //设置信号量的值
    if(semctl(sem_id, 0, SETVAL, value) ==-1) return 0;
    return 1;
}
int GetSemValue(int sem_id)
{   //获取信号量的值
    return semctl(sem_id,0,GETVAL);
}
void DeleteSem(int sem_id)
{   //删除信号量
    if(semctl(sem_id, 0, IPC_RMID) ==-1)
        fprintf(stderr, "Failed to delete semaphore\n");
}
int ps(int sem_id)
{   //P 操作
    struct sembuf sem_b;
    sem_b.sem_num =0;
    sem_b.sem_op =-1;
    sem_b.sem_flg =SEM_UNDO;
    if(semop(sem_id,&sem_b,1) ==-1){
        fprintf(stderr, "P failed\n");
        return 0;
    }
    return  1;
}
int vs(int sem_id)
{   //V 操作
    struct sembuf sem_b;
    sem_b.sem_num =0;
    sem_b.sem_op =  1;
    sem_b.sem_flg =SEM_UNDO;
    if(semop(sem_id,&sem_b,1) ==-1){
        fprintf(stderr, "V failed\n");
        return 0;
    }
    return  1;
}
[root@localhost ~]#gcc -o apple apple.c
[root@localhost ~]#./ apple
plate's count is 3
```

```
apple's count is 0
orange's count is 0
I am main process, PID is 3624
I am father process, PID is 3627
I am daughter process, PID is 3626
I am son process, PID is 3625
father peeling an orange,orange's number is 1
father peeling an apple,apple's number is 1
son eat an apple,apple's number is 0
father peeling an apple,apple's number is 1
father peeling an apple,apple's number is 2
daughter eat an orange,orange's number is 0
father peeling an orange,orange's number is 1
son eat an apple,apple's number is 1
father peeling an orange,orange's number is 2
son eat an apple,apple's number is 0
father peeling an orange,orange's number is 3
...
```

本例实际上是生产者—消费者问题的一种变形,生产者(爸爸)放入缓冲区(盘子)的产品有两类,消费者也有两类(儿子、女儿),每类消费者只消费其中固定的一类产品。若盘中有苹果,则允许儿子吃;若果盘中有橙子,则允许女儿吃。

9.4 共 享 内 存

共享内存是进程间通信最简单的方式之一,共享内存允许两个或多个进程访问给定的同一块内存。它是通过将同一段物理内存映射到不同进程的虚拟地址空间中来实现的,进程通过操作虚拟地址实现对物理页面的操作。由于映射到不同进程的虚空间中,不同进程可以直接使用,并且不需要进行内存的复制,所以共享内存的效率很高。两个进程的虚拟地址空间与共享内存之间的映射关系如图 9-5 所示。

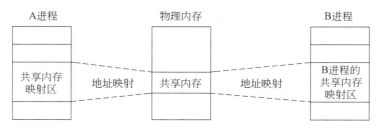

图 9-5 映射关系示意图

共享内存是通过把同一块内存分别映射到不同的进程空间中实现进程间通信。而共享内存本身不带任何互斥与同步机制,但当多个进程同时对同一内存进行读/写操作时会破坏该内存的内容,所以在实际中,同步与互斥机制需要用户来完成。

进程 A 和进程 B 实现共享内存的步骤如下。

（1）创建内存共享区。

（2）映射共享内存到进程 A 中。

（3）映射共享内存到进程 B 中。

（4）进程 A 和进程 B 实现相互通信。

（5）撤销内存映射关系。

（6）删除共享内存区。

Linux 内核提供了一些系统调用用于实现共享内存的创建、管理与释放。

9.4.1　共享内存接口函数

1. shmget 函数

shmget 函数用来创建一块新的共享内存或者打开一块已经存在的共享内存。该函数的原型如下：

```
#include <sys/shm.h>
int shmget(key_t key, size_t size, int shmflg);
```

shmget 函数调用成功时返回一个与参数 key 相关的共享内存标识符（非负整数），用于后续的共享内存函数；如果调用失败，则返回-1并设置 errno。

函数中的参数 key 与信号量的 semget 函数一样，通常是一个整数，代表共享内存的键值；参数 size 用于设置共享内存的容量；参数 shmflg 是权限标志，它的作用与 open 函数的 mode 参数一样，如果想在 key 标识的共享内存不存在时创建它，可以与 IPC_CREAT 做或操作。

2. shmat 函数

shmat 函数的作用就是用来启动对该共享内存的访问，并把共享内存映射到当前进程的虚拟地址空间中。该函数的原型如下：

```
#include <sys/shm.h>
void * shmat(int shm_id, const void * shm_addr, int shm_flg);
```

shmat 函数调用成功时返回一个指向共享内存第一个字节的指针，如果调用失败则返回-1。

shmat 函数中的参数 shm_id 是由 shmget 函数返回的共享内存标识；参数 shm_addr 指定共享内存映射到当前进程中的虚拟地址位置，当设置为空，表示让系统来选择共享内存的映射地址；参数 shm_flg 是一组标志位，用于设置共享内存的使用方式，当其设置为 SHM_RDONLY 时，共享内存将以只读的方式进行映射，当前的进程只能从共享内存中读取数据。

3. shmdt 函数

shmdt 函数用来解除物理内存与进程虚拟地址空间的映射关系。该函数的原型如下：

```
#include <sys/shm.h>
int shmdt(const void * shmaddr);
```

shmdt 函数调用成功时返回 0；失败时返回－1。

shmdt 函数中的参数 shmaddr 是 shmat 函数返回的虚拟空间地址。

4. shmctl 函数

shmctl 函数用来操作已经存在的共享内存。该函数的原型如下：

```
#include <sys/shm.h>
int shmctl(int shm_id, int command, struct shmid_ds * buf);
```

shmctl 函数调用成功时返回 0；否则返回－1 并设置 errno。

shmctl 函数中的参数 shm_id 是 shmget 函数返回的共享内存标识符；参数 command 表示要执行的操作，其取值与含义如表 9-3 所示；参数 buf 是一个结构指针，指向共享内存模式和访问权限的结构，主要为了方便对共享内存进行管理。参数 shmid_ds 结构体包括以下成员：

```
struct shmid_ds
{
  struct ipc_perm shm_perm;        //所有者和权限标识
  size_t          shm_segsz;       //共享内存大小
  time_t          shm_atime;       //最后映射时间
  time_t          shm_dtime;       //最后解除映射时间
  time_t          shm_ctime;       //最后修改时间
  pid_t           shm_cpid;        //创建共享内存进程的 ID
  pid_t           shm_lpid;        //最近操作共享内存进程的 ID
  shmatt_t        shm_nattch;      //与共享内存发送映射的进程数量
};
```

表 9-3　command 参数的取值及其含义

参数值	含　　义
IPC_STAT	把 shmid_ds 结构中的数据设置为共享内存的当前关联值，即用共享内存的当前关联值覆盖 shmid_ds 的值
IPC_SET	如果进程有足够的权限，就把共享内存的当前关联值设置为 shmid_ds 结构中给出的值
IPC_RMID	删除共享内存段

9.4.2　使用共享内存实现进程间通信

【例 9-6】　使用共享内存机制实现两个进程间的通信。

（1）shmwrite.c。

```
#include <unistd.h>
#include <stdlib.h>
```

```c
#include <stdio.h>
#include <sys/shm.h>
#include <sys/types.h>
#include <sys/ipc.h>
#include <string.h>

#define SEGSIZE 4096
#define key 1234                                          //定义 key 值
typedef  struct {
  int num;                                                //学号
  char name[8];                                           //姓名
  int age ;                                               //年龄
}Stu;                                                     //学生结构体
int main()
{
    int shm_id,i;
    char name[8];
    Stu * smap;
    shm_id=shmget(key,SEGSIZE,IPC_CREAT | IPC_EXCL |0664);//创建共享内存块
    if(shm_id ==-1){
        perror("create shared memory error\n");
        return -1;
    }
    printf("shm_id =%d\n",shm_id);
    smap = (Stu * )shmat(shm_id,NULL,0);                   //启动共享内存访问
    memset(name,0x00,sizeof(name));
    strcpy(name,"Lisi");
    name[4]='0';                                          //给共享内存区域赋值
    for(i=0;i<3;i++){
        (smap+i)->num=i+1;
        name[4]+=1;
        strncpy((smap+i)->name,name,5);
        (smap+i)->age=20;
    }
    if(shmdt(smap) ==-1){
        perror("detach error");
        return -1;
    }
    return 0;
}
```

(2) shmread.c。

```c
#include <unistd.h>
#include <stdlib.h>
#include <stdio.h>
#include <sys/shm.h>
#include <sys/types.h>
#include <sys/ipc.h>
#include <string.h>
```

```c
#define key 1234                                    //定义 key 值
typedef   struct {
  int num;                                          //学号
  char name[8];                                     //姓名
  int age ;                                         //年龄
}Stu;                                               //学生结构体
int main()
{
    int shm_id,i;
    char name[8];
    Stu * smap;
    struct shmid_ds buf;
    shm_id =shmget(key,0,0);                         //根据 key 值打开共享内存
    if(shm_id ==-1){
        perror("shmget error\n");
        return -1;
    }
    printf("shm_id =%d\n",shm_id);
    smap = (Stu * )shmat(shm_id,NULL,0);             //启动共享内存访问
    for(i=0;i<3;i++){                                //获取、显示共享内存区的数据
        printf("num:%d\n",(* (smap+i)).num);
        printf("name:%s\n",(* (smap+i)).name);
        printf("age:%d\n",(* (smap+i)).age);
    }
    if(shmdt(smap) ==-1){                            //解除共享内存的映射关系
        perror("detach error");
        return -1;
    }
    shmctl(shm_id,IPC_RMID,&buf);                    //删除共享内存段
    return 0;
}
```

（3）执行程序。

```
[root@localhost ~]#gcc -o shmwrite shmwrite.c
[root@localhost ~]#gcc -o shmread shmread.c
[root@localhost ~]# ./shmwrite                      //给共享内存写数据
shm_id =688143
[root@localhost ~]# ./shmread                       //读取共享内存的数据
shm_id =688143
num:1
name:Lisi1
age:20
num:2
name:Lisi2
age:20
num:3
name:Lisi3
age:20
```

本 章 小 结

　　本章主要讲解了 Linux 操作系统中进程间的通信机制,主要包括管道通信和 System V IPC,其中 System V IPC 又包含了使用消息队列进行进程间通信、信号量通信与共享内存通信。管道通信机制又分为匿名管道通信和命令管道通信。重点在于学习 Linux 进程间通信的几种机制,了解几种进程间通信机制的异同点,掌握它们的函数接口,并且能够使用本章所学实现进程间的通信。

本 章 习 题

1. Linux 操作系统中,进程间通信方式有哪几种? 分别有什么特点?
2. 管道机制可以分为哪几种? 它们之间有什么异同点、优缺点?
3. 阐述管道与文件描述符、文件指针之间的关系。
4. 分别简述使用消息队列、信号量以及共享内存实现进程间通信的步骤。
5. 简述共享内存机制的原理。
6. 如何在程序中建立命名管道? 如何使用命名管道实现进程间通信?
7. 进程如何向消息队列写入消息? 如何从消息队列读取消息?
8. 信号量机制有哪些特点? 它在进程间通信的作用是什么?
9. 编写一个简单的程序实现管道间通信。
10. 编写一个程序,使用信号量实现进程同步操作。

第10章 网络编程基础

20世纪90年代后期,互联网技术得到迅速发展,到现在人类已经进入以网络为核心的信息时代。信息时代的特征是数字化、网络化、信息化。实现信息化必须依赖完善的计算机网络,因为计算机网络可以高效地传输信息,使其成为现代信息社会的重要基础。现在人们的工作、生活、学习、交往都离不开网络。在计算机和各种可移动终端(如手机)上运行着很多种网络应用程序,通过这些应用程序可以实现各种通信功能。现在的网络编程主要是基于请求/响应式,其中发起连接程序的被称为客户端,等待其他程序连接的被称为服务器端,服务器端与客户端之间的通信便是网络编程研究的重点。Linux作为一个以网络为核心进行设计的多用户网络操作系统,其出色强大的网络功能也是用户选择它进行使用的主要原因之一。这一章便讨论在Linux的环境下如何实现网络编程。

本章主要学习以下内容。

- 了解计算机网络基本知识。
- 掌握socket的概念与通信流程。
- 掌握不同传输协议下的编程方法。

10.1 计算机网络概述

互联网作为最大的计算机网络,它起源于美国,随着不断的发展现在已经遍布全球,接入数十亿的用户,几乎已成为互联网的代名词。互联网起源于美国军方的计划ARPANET,最开始仅仅只有4个节点,分别是洛杉矶的加利福尼亚州大学洛杉矶分校、加州大学圣巴巴拉分校、斯坦福大学、犹他州大学4所大学的大型计算机,最初也只是为了方便学校之间相互共享资料而开发的,经过数十年的发展,现今的互联网已经是全球互通互联的庞大工具,互联网的发展经历了大致3个阶段。

第一阶段,即是从最开始的ARPANET网络,发展成互联网的阶段。最开始的ARPANET网络仅仅连接4台大型计算机,让它的使用范围有了极大的局限性,因为最开始是用于军事用途,故对其保密性及可靠性有着严格的要求,这样的要求也成为后期互联网发展的指导思想。1983年,ARPANET开始采用TCP/IP作为标准协议进行通信,由此所有采用该协议的主机都能利用互联网相互通信,这就是ARPANET对互联网的发展另一个巨大的贡献,也因此1983年普遍被人们认为是互联网诞生的时间。

第二阶段,互联网开始进行细分发展,创立了三级结构互联网。由于过去的点到点之间的直接互联有极大的局限性,1985年,美国国家科学基金会NSF(National Science Foundation)围绕6个大型计算机中心建设计算机网络国家科学基金网NSFNET,这是出现的第一个三级计算机网络,由主干网、地区网和校园网组成,覆盖了美国主要大学与研究所。NSFNET 的出现,让许多人认识到互联网不应该仅限于小部分人或者机构,而是应当扩大范围与规模让更多的人参与其中,于是许多公司机构开始接入网络,可以说 NSFNET 就是现在 Internet 的基础。

第三阶段,1989 年,随着 NSFNET 的高速扩展,已经不仅仅局限于美国本土,加拿大、英国、法国、德国、日本、澳大利亚相继加入,中国也于 1994 年加入互联网,互联网进入商用时代,由美国政府资助的 NSFNET 被商用互联网主干网取代。

10.1.1 网络协议

网络协议指的是计算机之间,为了交换数据而建立的标准的集合,当且仅当不同的计算机都遵守的相同的标准的时候,才能正常通信。最为常见的网络协议是 TCP/IP 协议,也就是现今互联网所使用的协议。

在讨论 TCP/IP 之前,要先熟悉 OSI 模型。OSI(Open System Interconnection)模型是由国际化标准组织(ISO)所制定的,设计和描述出了计算机通信的基本框架。OSI 主要分为七层,分别是物理层、数据链路层、网络层、传输层、会话层、表示层和应用层。OSI 虽然确立了一个严格的标准,但由于其缺乏商业化产品和过于复杂导致的效率低下,OSI 七层模型并没有被广泛推广,反而是依靠着互联网的 TCP/IP 协议成为事实上的"国际标准",被大力地推广与传播,成为现在的标准协议。与 OSI 的七层模型不同的是,TCP/IP 仅仅有四层协议,自上而下分别是应用层、传输层、网络层、网络接口层。TCP/IP 与 OSI 的对比如图 10-1 所示。

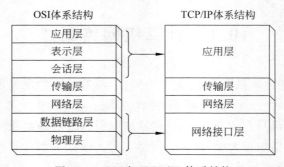

图 10-1　OSI 与 TCP/IP 体系结构

(1) 应用层:是 TCP/IP 体系结构里的最高层,是应用之间相互交互沟通的层,在应用层中有诸如简单邮件传输协议(SMTP)、超文本传输协议(HTTP)、文件传输协议(FTP)、网络远程访问协议(Telnet)等。

(2) 传输层:传输层的主要任务是负责向进程之间的通信提供数据传输服务,这层协议包括如传输控制协议(TCP)、用户数据报协议(UDP)。传输层为应用层提供通信服务,但是屏蔽具体的实现细节。

(3) 网络层:网络层的任务是提供数据包传输服务,传输的过程中要做到尽最大的努力交互,但是不确定一定能够到达。在网络层中有网际协议(IP)。

(4) 网络接口层:TCP/IP 体系结构里的网络接口层相当于 OSI 体系结构中的物理层

与数据链路层,功能是对实体的网络进行管理。

上面简单描述了 TCP/IP 各层的功能,下面对各层中的常用协议进行概述。

(1) SMTP(Simple Mail Transfer Protocol):即简单邮件传输协议,是用于从源地址到目标地址的传送邮件的规则与协议,控制信件的中转方式,帮助每台计算机在发送或者中转中找到目的地。SMTP 属于 TCP/IP 协议族。

(2) IP(Internet Protocol):是互联网中最为重要的协议,它工作于网络层中,主要的功能是完成数据包的发送,网络层的数据由低层的网络接口层传来并发送到高层,同时也可以把经由传输层通过 TCP 及 UDP 传输来的数据包发送给网络接口层。IP 提供的是不可靠的传输服务,不提供端到端的确认。

(3) TCP(Transmission Control Protocol):即传输控制协议,面向对象并基于字节流的传输层控制协议。TCP 建立在 IP 的基础上,进行的是可靠的传输。TCP 的数据包中包含着序号,丢失或者损坏的包将被重传,接收端按照序号进行排序。当接收端成功接收后发回相应的确认,这样确保传输的可靠性。

(4) UDP(User Datagram Protocol):即用户数据报协议,同 TCP 一样都是建立在 IP 的基础上的传输层协议。与 TCP 不一样的地方是,UDP 不能确保数据的成功发送和接收顺序,提供的是一种不可靠的传送服务。

(5) HTTP(Hyper Text Transfer Protocol):即超文本传输协议,是现在互联网上最为广泛使用的网络协议。它的主要任务是提供一种发布和接收 HTML 页面的方法。

以上是常见的网络协议。

10.1.2　端口与地址

端口的英文名为 port,可以分为物理端口与虚拟端口,它可以被认为是设备与外界通信交流的出口。如果将 IP 地址当作一间屋子,那端口即是这间屋子的门,一个 IP 地址的端口可以有 2^{16} 之多,端口使用端口号进行标记,范围为 $0 \sim 65535$。

在互联网中各台主机之间通过 TCP/IP 协议发送接收数据包,各数据包根据其目的主机的 IP 地址进行互联网中的路由选择。当数据包传送到主机时,由于现在大部分的主机都是多任务同时运行,我们要确定将接收的数据包给同时运行的进程中的其中一个,因此引入了端口的概念。

一般情况下,应用程序通过系统调用与端口绑定,传输层传给该端口的数据都被相应的进程所接收,相应进程发给传输层的数据都从该端口输出。在 TCP/IP 协议的实现中,端口操作类似于一般的 I/O 操作,进程获取一个端口,相当于获取本地唯一的 I/O 文件,可以用一般的读/写方式访问类似于文件描述符,每个端口都拥有一个叫端口号的整数描述符,用来区别不同的端口。TCP 与 UDP 是两个完全独立的软件模块,因而各地的端口号相互独立并不冲突。

端口的分配有两种方式:第一种叫作全局分配,由一个公认权威的中央机构根据用户需要统一分配,并将结果公布于众;第二种是本地分配,又称动态连接,即进程需要访问传输层服务时,向本地操作系统提出申请,操作系统返回本地唯一的端口号,进程再通过合适的系统调用,将自己和该端口连接起来(Binding,绑定)。TCP/IP 端口号的分配综合了以上两种方式,将端口号分为两部分,少量的作为保留端口,以全局方式分配给服务进程。每一个标准服务器都拥有一个全局公认的端口叫周知端口,即使在不同的机器上,其端口号也相同。剩余的为自由端口,以本地方式进行分配。TCP 和 UDP 规定,小于 256 的端口才能作为保留端口。

在 TCP/IP 协议族中,网络层的 IP 地址可以识别互联网中唯一的主机,而传输层里的"协议+端口"可以唯一识别主机中的应用程序(进程)。利用这样的三元组(IP 地址、协议、端口)完全可以准确地表示网络进程,也因此网络中的进程通信可以利用这个标志与其他进程进行交互。

10.2   socket 网络编程

使用 TCP/IP 协议族的应用程序通常使用应用程序编程接口: UNIX BSD 的套接字(socket)来实现网络进程之间的通信。就目前而言几乎所有网络应用程序都采用 socket。

套接字 socket 是系统用于网络通信的方法,它的实质是向用户提供了一组接口,用户使用这个接口提供的方法,发送消息和接收消息。它描述了一个 IP 地址与端口号,只要知道对方的 socket,便可以向对方传送信息。socket 可以理解为应用层与传输层之间的一个抽象层,将底层的协议族封装在一起只给用户提供接口,具体的位置如图 10-2 所示。

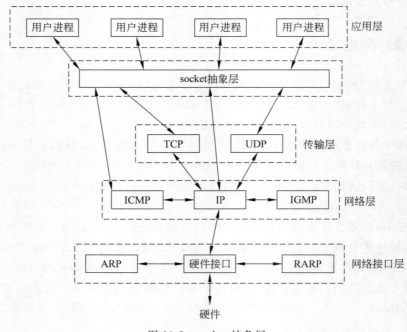

图 10-2   socket 抽象层

端口:标志传输层与应用程序的数据接口(服务访问点 SAP),每一个端口有一个 16 位的标识符,称为端口号。

套接口:即是由端口号和 IP 地址构成,来标识全网唯一的端口,网络编程中通过套接口进行通信,套接字就是套接口描述字的简称,应用程序(进程)通过 socket 调用套接口,类似于套接口的指针。

10.2.1 socket 的函数接口

socket 是"open—read/write—close"模式的实现,类似于生活中打电话的流程。A 要打电话给 B,A 拨号,B 接通,A 与 B 建立了连接,等到交流结束,挂断电话结束此次交谈。以下以 TCP 为例,介绍一下 socket 的接口函数。

常用的 socket 函数如下。

(1) socket 函数——创建套接字描述符。

```
int socket(int domain,int type,int protocol)
```

参数说明如下。

- domain:即协议域,又称为协议族(Family)。常用的协议族有 AF_INET、AF_INET6、AF_LOCAL(或称 AF_UNIX,UNIX 域 socket)、AF_ROUTE 等。协议族决定了 socket 的地址类型,在通信中必须采用对应的地址,如 AF_INET 决定了要用 IPv4 地址(32 位的)与端口号(16 位的)的组合,AF_UNIX 决定了要用一个绝对路径名作为地址。
- type:指定 socket 类型,常用的 socket 类型有 SOCK_STREAM、SOCK_DGRAM、SOCK_RAW、SOCK_PACKET、SOCK_SEQPACKET 等。
- protocol:指协议,常用的协议有 IPPROTO_TCP、IPPROTO_UDP、IPPROTO_SCTP、IPPROTO_TIPC 等。

socket 函数对应于普通函数的打开操作,普通文件打开返回文件描述符,而 socket 函数返回套接字描述符,表示唯一的套接口,利用这个套接字描述符作为参数进行读/写操作。注意当调用 socket 函数创建一个套接字的时候,如果创建成功,就返回新创建的套接字的描述符;如果失败,就返回 INA LID_SOC KET(Linux 下失败返回－1)。

(2) bind 函数——给套接口设定地址。

```
int bind(int sockfd, struct sockaddr * addr,int addrlen);
```

参数说明如下。

- sockfd:即是 socket 的描述字,通过 socket 函数创建,唯一地识别一个 socket,bind 函数将这个描述字绑定成一个名字。
- addr:一个指向包含本机 IP 地址及端口等信息的 sockaddr 类型的指针,这个地址结构根据创建 socket 时的地址协议族的不同而不同。
- addrlen:sockaddr 的结构长度。

通常服务器在启动的时候会绑定一个众所周知的地址(如 IP 地址＋端口号),用于提供服务,客户就可以通过它来接连服务器;而客户端就不用指定,有系统自动分配一个端口号和自身的 IP 地址组合。这就是为什么通常服务器端在 listen 之前会调用 bind 函数,而客户端就不会调用,而是在 connect 函数时由系统随机生成一个。

（3）listen 函数——监听函数，系统调用 listen 函数监听是否有服务请求，在服务器端程序中，当 socket 与某一端口捆绑后，便需要监视其端口。

```
int listen(int sockfd,int backlog);
```

参数说明如下。

- sockfd：要监听的 socket 描述字。
- backlog：相应的 socket 可以排队的最大连接数量。

（4）connect 函数——调用 connect 函数与远端服务器建立 TCP 连接。头文件如 socket 函数。

```
int connect(int sockfd,struct sockaddr * serv_addr,int addrlen)
```

参数说明如下。

- sockfd：为客户端的 socket 的描述字。
- serv_addr：为服务器端的 socket 地址。
- addrlen：为 socket 地址的长度。

（5）accept 函数——接收客户端请求的函数。

```
int accept(int sockfd,struct sockaddr * addr,int addrlen)
```

参数说明如下。

- sockfd：为服务器端的 socket 描述字。
- addr：为返回客户端的 socket 地址。
- addrlen：为 socket 地址的长度。

当 TCP 的服务器端一次调用 socket 函数、bind 函数、listen 函数之后，开始监听 socket 地址。当客户端一次调用 socket 函数、connect 函数之后就向服务器端发送连接请求。当服务器端监听请求后，调用 accept 函数接收请求（注意 accept 函数默认会阻塞进程，直到和一个客户端连接建立后才能继续进程，服务器端通过 accept 函数返回的套接字进行连接）。

（6）read/write 函数——当连接建立成功时，便要进行读/写操作，read 函数和 write 函数便是为了实现这一功能而设立的。

```
int read(int sockfd,char * msg,int len)
int write(int sockfd,char * buf,int len)
```

参数说明如下。

- sockfd：要读取或者写入的套接字描述符。
- msg/buf：指向存放读取或准备写入的数据首地址的指针。
- len：读取/写入数据的长度。

read 函数负责从 fd 中读数据，当返回值为 0 时表示文件已经结束，write 函数将缓存区中的字节写入 socket 中，二者都是成功时返回字节数，失败时返回−1。

（7）send/recv 函数——在 TCP 协议下，向套接字发送数据和从套接字接收数据的函数。

```
int send(int sockfd,const void * msg,int len,int flags)
int recv(int sockfd,const void * buf,int len,int flags)
```

参数说明如下。

- sockfd：为发送端/接收端套接字描述符。
- msg/buf：指向将要发送或是接收的数据首地址的指针。
- len：实际发送/接收数据的字节长度。
- flags：一般设置为 0。

无论是客户还是服务器一般都使用 send 函数向 TCP 连接发送数据，客户端使用 send 函数向服务器发送请求，而服务器端则使用 send 函数向客户端程序发回应答。

recv 函数从接收缓冲区复制数据，若成功则返回复制的字节数；失败则返回 −1。阻塞模式下 recv 函数会阻塞到缓冲区里至少有一个字节才返回，没有数据时处于休眠状态。

（8）sendto/recvfrom 函数——UDP 协议下，向套接字发送数据和从套接字接收数据的函数。

```
int sendto(int sockfd, const void* msg, int len, unsigned int flags,
const struct sockaddr* to, int tolen)
int recvfrom(int sockfd, void* buf, int len, unsigned int flags
struct sockaddr* from, int* fromlen)
```

参数说明如下。
- sockfd：要接收/发送套接字的描述符。
- msg/buf：接收或发送数据的首地址指针。
- len：读取或发送数据的长度。
- flags：一般设置为 0。
- to：指向包含目的 IP 地址和端口号的数据结构 sockaddr 的指针。
- from：指向本地计算机中包含源 IP 地址和端口号的数据结构 sockaddr 的指针。
- inttolen/fromlen：设置为 sizeof(struct sockaddr)。
（9）close 函数——关闭套接字。

```
int close(int sockfd)
```

参数说明如下。
sockfd：要关闭的套接字描述符。

close 的默认行为是将套接字标识为关闭，此刻套接字将不能再由调用进程使用，即是不能再作为 read 函数或者 write 函数的第一个参数。close 关闭 socket 的时候，如果有其他进程共享这个 socket，那么它仍是打开的，可以用来读和写，这对多进程并发服务器相当重要。

（10）shutdown 函数——有选择地关闭套接字。

```
int shutdown(int sockfd,int howto)
```

参数说明如下。

- sockfd：要关闭的套接字描述符。
- howto：当值为 0 的时候，关闭连接读的这一半；当值为 1 的时候，关闭连接写的这一半；当值为 2 的时候，连接的读和写都关闭。

与 close 函数不同的是，shutdown 可以有选择地终止某个方向的数据传送或者同时终止两个方向。另一个与 colse 函数不同的地方是 shutdown 函数终止 socket 后会切断所有进程共享的套接字连接，这样试图读的进程将会收到 EOF 标识，试图写的进程将会收到 SIFGPIPE 信号。

10.2.2　socket 通信流程

前面介绍了 socket 网络编程的常见函数，下面详细介绍 socket 的通信流程和在通信过程中函数的使用情况。

1. TCP 通信流程

TCP 是一种面向连接的、可靠的、基于字节流的连接协议，其具体建立过程如图 10-3 所示。

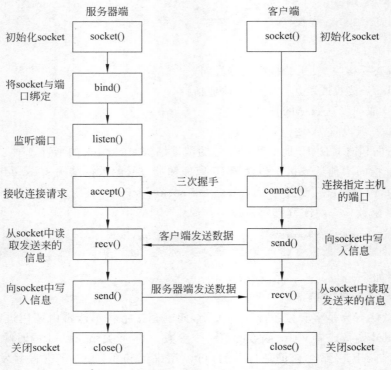

图 10-3　TCP 使用 socket 的通信流程

1）连接建立过程

首先,TCP 的服务器端先使用 socket 函数进行初始化,然后用 bind 函数绑定端口,使用 listen 函数对端口进行监听,调用 accept 函数阻塞进程。客户端进行 socket 函数初始化后,调用 connect 函数发出 SYN 包并阻塞等待服务器端响应,服务器端应答一个 SYN＋ACK 包,客户端收到从 connect 函数返回并应答一个 ACK 包,服务器端收到后从 accept 函数返回,连接建立成功。在建立连接时,使用的是 TCP 协议中的三次握手机制来确认建立一个连接,建立过程如图 10-4 所示。以下是三次握手的具体步骤。

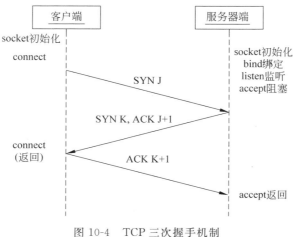

图 10-4　TCP 三次握手机制

（1）第一次握手：建立连接时,客户端发送 SYN 包(syn＝j)到服务器端,并进入 SYN_SEND 状态,等待服务器端确认。

（2）第二次握手：服务器端收到 SYN 包,必须确认客户端的 SYN(ack＝j+1),同时自己也发送一个 SYN 包(syn＝k),即 SYN＋AVK 包,此时服务器端进入 SYN_RECV 状态。

（3）第三次握手：客户端收到 SYN＋ACK 包,向服务器端发送确认包 ACK(ack＝k+1),此包发送完毕,客户端与服务器端进入 ESTABLISHED 状态,完成三次握手。

2）数据传输过程

一般客户端/服务器端采用请求响应方式,客户端发起请求服务器端被动响应,客户端从 connect 函数返回后调用 send 函数写入 socket,向服务器端发送请求,然后调用 recv 函数阻塞等待服务器端应答。服务器端自 accept 函数返回后立刻调用 recv 函数读取 socket 中的信息,当读取到客户端的请求时,调用 send 函数向 socket 中写数据。客户端调用 recv 函数读取 socket 中服务器端发送的数据时返回。当客户端没有更多请求时,调用 close 函数关闭连接,注意任何一方调用 close 函数都会导致两个传输方向的关闭,不能再传输数据。如果想要一个方向可以调用 shutdown 函数。

2. UDP 通信流程

UDP 与 TCP 同属于传输层,提供一种面向事务的、无连接、不可靠的传送服务,通过 UDP 进行通信的流程与 TCP 有所不同。具体流程如图 10-5 所示。

注意 UDP 的通信流程与 TCP 有所区分,不需要建立一个可靠的连接再传输数据,所以少了 accept 函数和 connect 函数的使用。而由于 UDP 以数据报为单位传输数据,读/写

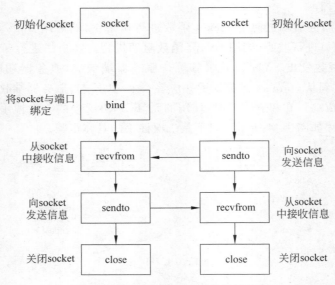

图 10-5 UDP 使用 socket 的通信流程

socket 函数的函数也相对不同。

10.3 网络编程实例

10.3.1 基于 TCP 网络编程

使用 TCP 编写简单的服务器端和客户端代码,当创建 socket 时,若参数 type 选择 SOCK_STREAM,即是传输数据采用流模式,故使用的是 TCP 传输协议。下面是一个基于 TCP 的网络编程实例。

【例 10-1】 TCP 网络通信例程。

服务器端代码如下: server.c。

```c
#include<stdio.h>
#include<stdlib.h>
#include<string.h>
#include<errno.h>
#include<sys/types.h>
#include<sys/socket.h>
#include<netinet/in.h>

#define MAXLINE 4096

int main(int argc, char * * argv)
{
    int listenfd, connfd;
    struct sockaddr_in servaddr;
```

```
        char buff[4096];
        int n;

        if( (listenfd = socket(AF_INET, SOCK_STREAM, 0)) == -1 ){
            printf("create socket error: %s(errno: %d)\n",strerror(errno),errno);
            exit(0);
        }
        /* 创建套接字 */
        memset(&servaddr, 0, sizeof(servaddr));
        servaddr.sin_family = AF_INET;
        servaddr.sin_addr.s_addr = htonl(INADDR_ANY);
        servaddr.sin_port = htons(6666);
        /* 绑定端口 */
        if( bind(listenfd, (struct sockaddr *)&servaddr, sizeof(servaddr)) == -1){
            printf("bind socket error: %s(errno: %d)\n",strerror(errno),errno);
            exit(0);
        }
        /* 监听端口 */
        if( listen(listenfd, 10) == -1){
        printf("listen socket error: %s(errno: %d)\n",strerror(errno),errno);
        exit(0);
        }
        printf("======waiting for client's request======\n");
        /* 等待连接 */
        while(1){
            if( (connfd = accept(listenfd, (struct sockaddr *)NULL, NULL)) == -1){
                printf("accept socket error: %s(errno: %d)",strerror(errno),errno);
                continue;
            }
            /* 接收数据 */
            n = recv(connfd, buff, MAXLINE, 0);
            buff[n] = '\0';
            printf("recv msg from client: %s\n", buff);
            close(connfd);
        }
        /* 关闭 socket */
        close(listenfd);
}
```

客户端代码如下：client.c。

```
#include<stdio.h>
#include<stdlib.h>
#include<string.h>
#include<errno.h>
#include<sys/types.h>
#include<sys/socket.h>
#include<netinet/in.h>

#define MAXLINE 4096
```

```
int main(int argc, char * * argv)
{
    int sockfd, n;
    char recvline[4096], sendline[4096];
    struct sockaddr_in servaddr;

    if( argc !=2){
        printf("usage: ./client <ipaddress>\n");
        exit(0);
    }

    if( (sockfd =socket(AF_INET, SOCK_STREAM, 0)) <0){
        printf("create socket error: %s(errno: %d)\n", strerror(errno),errno);
        exit(0);
    }
    /* 创建套接字 */
    memset(&servaddr, 0, sizeof(servaddr));
    servaddr.sin_family =AF_INET;
    servaddr.sin_port =htons(6666);
    if( inet_pton(AF_INET, argv[1], &servaddr.sin_addr) <=0){
        printf("inet_pton error for %s\n",argv[1]);
        exit(0);
    }
    /* 建立连接 */
    if( connect(sockfd, (struct sockaddr * )&servaddr, sizeof(servaddr)) <0){
        printf("connect error: %s(errno: %d)\n",strerror(errno),errno);
        exit(0);
    }
    /* 数据传输 */
    printf("send msg to server: \n");
    fgets(sendline, 4096, stdin);
    if( send(sockfd, sendline, strlen(sendline), 0) <0)
    {
        printf("send msg error: %s(errno: %d)\n", strerror(errno), errno);
        exit(0);
    }
    /* 关闭 socket */
    close(sockfd);
    exit(0);
}
```

程序执行：

服务器端预设绑定端口 6666，IP 地址为本机 IP 地址 127.0.0.1，在一个终端执行服务器程序，执行后等待客户端发送请求。在另一个终端执行客户端程序，发送 1234 到服务器，则在服务器端上显示客户端输入的信息，运行结果如下。

客户端：

```
[root@localhost ~]#gcc -o c client.c
```

```
[root@localhost ~]#./c 127.0.0.1
send msg to server:
1234
```

服务器端：

```
[root@localhost ~]#gcc -o s server.c
[root@localhost ~]#./s
======waiting for client's request======
recv msg from client: 1234
```

10.3.2　基于 UDP 网络编程

与建立可靠 TCP 连接不同的是，UDP 协议是一种无连接不可靠的数据报（SOCK_DGRAM）传输服务。使用 UDP 进行连接的服务器端也不需要设置监听和等待连接的过程，而是直接调用socket 函数生成一个套接字并调用bind 函数绑定端口后就可以进行通信（使用 recvfrom 函数和 sendto 函数），客户端再用 socket 函数生成一个套接字后就可以向服务器端地址发送数据和接收数据。

【例 10-2】　UDP 网络通信例程。

服务器端代码：server.c。

```
#include<sys/types.h>
#include<sys/socket.h>
#include<unistd.h>
#include<netinet/in.h>
#include<arpa/inet.h>
#include<stdio.h>
#include<stdlib.h>
#include<errno.h>
#include<netdb.h>
#include<stdarg.h>
#include<string.h>

#define SERVER_PORT 8000
#define BUFFER_SIZE 1024
#define FILE_NAME_MAX_SIZE 512

int main()
{
    /* 创建 UDP 套接口 */
    struct sockaddr_in server_addr;
    bzero(&server_addr, sizeof(server_addr));
    server_addr.sin_family =AF_INET;
    server_addr.sin_addr.s_addr =htonl(INADDR_ANY);
    server_addr.sin_port =htons(SERVER_PORT);
```

```
    /* 创建 socket */
    int server_socket_fd = socket(AF_INET, SOCK_DGRAM, 0);
    if(server_socket_fd == -1)
    {
        perror("Create Socket Failed:");
        exit(1);
    }
    /* 绑定套接口 */
    if(-1 == (bind(server_socket_fd, (struct sockaddr *)&server_addr, sizeof
(server_addr))))
    {
        perror("Server Bind Failed:");
        exit(1);
    }

    /* 数据传输 */
    while(1)
    {
        /* 定义一个地址,用于捕获客户端地址 */
        struct sockaddr_in client_addr;
        socklen_t client_addr_length = sizeof(client_addr);

        /* 接收数据 */
        char buffer[BUFFER_SIZE];
        bzero(buffer, BUFFER_SIZE);
        if(recvfrom(server_socket_fd, buffer, BUFFER_SIZE, 0, (struct sockaddr
*)&client_addr, &client_addr_length) == -1)
        {
            perror("Receive Data Failed:");
            exit(1);
        }

        /* 从 buffer 中复制出 file_name */
        char file_name[FILE_NAME_MAX_SIZE+1];
        bzero(file_name, FILE_NAME_MAX_SIZE+1);
        strncpy(file_name, buffer, strlen(buffer)>FILE_NAME_MAX_SIZE?FILE_
NAME_MAX_SIZE:strlen(buffer));
        printf("Received Msg Is:%s\n", file_name);
    }
    close(server_socket_fd);
    return 0;
}
```

客户端代码：client.c。

```
#include<sys/types.h>
#include<sys/socket.h>
#include<unistd.h>
#include<netinet/in.h>
#include<arpa/inet.h>
```

```c
#include<stdio.h>
#include<stdlib.h>
#include<errno.h>
#include<netdb.h>
#include<stdarg.h>
#include<string.h>

#define SERVER_PORT 8000
#define BUFFER_SIZE 1024
#define FILE_NAME_MAX_SIZE 512

int main()
{
    /* 服务器端地址 */
    struct sockaddr_in server_addr;
    bzero(&server_addr, sizeof(server_addr));
    server_addr.sin_family = AF_INET;
    server_addr.sin_addr.s_addr = inet_addr("127.0.0.1");
    server_addr.sin_port = htons(SERVER_PORT);

    /* 创建 socket */
    int client_socket_fd = socket(AF_INET, SOCK_DGRAM, 0);
    if(client_socket_fd < 0)
    {
        perror("Create Socket Failed:");
        exit(1);
    }

    /* 输入文件名到缓冲区 */
    char file_name[FILE_NAME_MAX_SIZE+1];
    bzero(file_name, FILE_NAME_MAX_SIZE+1);
    printf("Please Input File Name On Server:\t");
    scanf("%s", file_name);

    char buffer[BUFFER_SIZE];
    bzero(buffer, BUFFER_SIZE);
    strncpy(buffer, file_name, strlen(file_name)>BUFFER_SIZE?BUFFER_SIZE:
strlen(file_name));
    /* 发送文件名 */
    if(sendto(client_socket_fd, buffer, BUFFER_SIZE, 0, (struct sockaddr *)
&server_addr,sizeof(server_addr)) < 0)
    {
        perror("Send File Name Failed:");
        exit(1);
    }

    close(client_socket_fd);
    return 0;
}
```

程序执行:

分别打开两个终端,一个运行客户端程序,输入文件名 abcdef 向服务器端发送;另一个终端运行服务器端程序,当收到客户端发送的文件名时显示文件名 abcdef 的信息。运行结果如下。

客户端:

```
[root@localhost ~]#gcc -o client client.c
[root@localhost ~]#./client
Please Input File Name On Server:  abcdef
```

服务器端:

```
[root@localhost ~]#gcc -o server server.c
[root@localhost ~]#./server
Received Msg Is:abcdef
```

10.3.3　基于 socket 的本地通信

依据原本运用于网络通信的 socket,发展出一种实现进程间通信的方法,即 UNIX Domain Socket 机制。在这种机制下,进程间的通信不再需要通过网络协议族,也省略了校验、应答、拆包等一系列网络通信中涉及的操作,将通信的过程简化为从本地一个进程复制到另一个进程。

同样与网络间通信类似的,当使用 SOCK_STREAM 作为 socket 函数中参数 type 的值时,将使用与 TCP 通信流程相同的接口。而当使用 SOCK_DGRAM 作为 type 的值时,将使用与 UDP 相似的通信流程,通信传输也同样变成以数据报为单位。基于数据流的本地 socket 通信连接时间大为缩短,且在连接建立后可以直接交互数据,因此在本地通信中,基于数据流(使用 TCP 相同通信流程)的本地 socket 通信的使用概率高得多。以下就基于数据流的本地 socket 通信进行举例说明。

【例 10-3】　socket 网络通信编程实例。

服务器端: server.c。

```c
#include <stdio.h>
#include <sys/types.h>
#include <sys/socket.h>
#include <sys/un.h>
#define UNIX_DOMAIN "/tmp/UNIX.domain"
int main(void)
{
    socklen_t clt_addr_len;
    int listen_fd;
    int com_fd;
    int ret;
    int i;
    static char recv_buf[1024];
```

```
int len;
struct sockaddr_un clt_addr;
struct sockaddr_un srv_addr;
listen_fd=socket(PF_UNIX,SOCK_STREAM,0);
if(listen_fd<0)
{
    perror("cannot create communication socket");
    return 1;
}

srv_addr.sun_family=AF_UNIX;
strncpy(srv_addr.sun_path,UNIX_DOMAIN,sizeof(srv_addr.sun_path)-1);
unlink(UNIX_DOMAIN);
/* 绑定 socket  */
ret=bind(listen_fd,(struct sockaddr *)&srv_addr,sizeof(srv_addr));
if(ret==-1)
{
    perror("cannot bind server socket");
    close(listen_fd);
    unlink(UNIX_DOMAIN);
    return 1;
}
/* 监听请求 */
ret=listen(listen_fd,1);
if(ret==-1)
{
    perror("cannot listen the client connect request");
    close(listen_fd);
    unlink(UNIX_DOMAIN);
    return 1;
}
/* 接收 connect 请求 */
len=sizeof(clt_addr);
com_fd=accept(listen_fd,(struct sockaddr *)&clt_addr,&len);
if(com_fd<0)
{
    perror("cannot accept client connect request");
    close(listen_fd);
    unlink(UNIX_DOMAIN);
    return 1;
}
/* 读取并打印客户端发送信息 */
printf("=====info=====\n");
for(i=0;i<4;i++)
{
    memset(recv_buf,0,1024);
    int num=read(com_fd,recv_buf,sizeof(recv_buf));
    printf("Received Msg Is : (%d):%s\n",num,recv_buf);
}
close(com_fd);
```

```
    close(listen_fd);
    unlink(UNIX_DOMAIN);
    return 0;
}
```

客户端：client.c。

```
#include <stdio.h>
#include <sys/types.h>
#include <sys/socket.h>
#include <sys/un.h>
#define UNIX_DOMAIN "/tmp/UNIX.domain"
int main(void)
{
    int connect_fd;
    int ret;
    char snd_buf[1024];
    int i;
    static struct sockaddr_un srv_addr;
    /* 创建 socket */
    connect_fd=socket(PF_UNIX,SOCK_STREAM,0);
    if(connect_fd<0)
    {
        perror("cannot create communication socket");
        return 1;
    }
    srv_addr.sun_family=AF_UNIX;
    strcpy(srv_addr.sun_path,UNIX_DOMAIN);
    /* 连接服务器 */
    ret=connect(connect_fd,(struct sockaddr*)&srv_addr,sizeof(srv_addr));
    if(ret==-1)
    {
        perror("cannot connect to the server");
        close(connect_fd);
        return 1;
    }
    memset(snd_buf,0,1024);
    strcpy(snd_buf,"message from client");
    /* 向服务器端发送信息 */
    for(i=0;i<4;i++)
        write(connect_fd,snd_buf,sizeof(snd_buf));
    printf("send message to server...\n");
    close(connect_fd);
    return 0;
}
```

程序执行：

先用一个终端打开服务器端程序，等待客户端传输数据。打开另一个终端运行客户端程序，客户端初始化一块大小为 1024B 的内存，复制进 message from client 字符串，将该字符串发送至服务器端上,然后在服务器端上显示客户端传送的数据的大小和内容。

服务器端:

```
[root@localhost ~]#gcc -o s server.c
[root@localhost ~]#./s
=====info=====
Received Msg Is : (1024):message from client
Received Msg Is : (1024):message from client
Received Msg Is : (1024):message from client
Received Msg Is : (1024):message from client
```

客户端:

```
[root@localhost ~]#gcc -o c client.c
[root@localhost ~]#./c
send message to server...
```

本 章 小 结

Linux 由于其系统的特殊性,在嵌入式与网络编程方面具有其独特的优点,而在网络编程中,必不可少的便是应用程序之间的通信。相比较起来,本地进程之间可使用消息传递、同步、共享内存等方法实现,不同主机之间实现进程通信,首先要解决如何定位问题。在网络中,一个 IP 地址可以唯一定位一台主机的位置,但现在的主机都是多个应用程序同时运行,要确定是哪个进程需要进行通信,我们引入了端口的概念。对 IP 地址和端口的组合,我们可以确定进程的位置,而 socket 作为描述 IP 地址与端口号的接口,对于网络编程有着重要的意义。在本章中,我们简单介绍了 socket 的定义与函数接口,并说明了使用 socket 进行通信的方法,给出一些例程供读者参考。

本 章 习 题

1. 简述 OSI 参考模型和 TCP/IP 参考模型。

2. 简述端口及功能。

3. 简述 socket 对于网络通信的重要性。

4. 在 TCP 下网络中两个进程进行通信的流程是什么?

5. 简要回答什么是三次握手及其在 socket 通信时的意义。

6. 使用 socket 编程写一个简单的客户端/服务器端程序,使两台计算机能通过网络进行通信。

7. 使用 TCP 编程实现进程间通信。

8. 使用 UDP 编程实现进程间通信。

参 考 文 献

[1] 邱铁,于玉龙,徐子川. Linux 应用与开发典型实例精讲[M]. 北京：清华大学出版社,2010.

[2] 文东戈,孙昌立,王旭. Linux 操作系统实用教程[M]. 北京：清华大学出版社,2010.

[3] 张春晓. Shell 从入门到精通[M]. 北京：清华大学出版社,2014.

[4] 鸟哥. 鸟哥的 Linux 私房菜基础学习篇[M]. 北京：人民邮电出版社,2010.

[5] 姜林美. Linux 环境编程[M]. 北京：人民邮电出版社,2013.

[6] Sarwar,Al-Saqabi. Linux&UNIX 程序开发基础教程[M]. 北京：清华大学出版社,2004.

[7] 黑马程序员. Linux 编程基础[M]. 北京：清华大学出版社,2017.

[8] 徐德民. 操作系统原理 Linux 篇[M]. 北京：国防工业出版社,2004.

[9] 谢希仁. 计算机网络[M]. 北京：电子工业出版社,2017.